华为系列丛书

HCNA实验指南

苏 函 著

電子工業出版社
Publishing House of Electronics Industry
北京·BEIJING

内容简介

本书是一本严格参照HCNA（数通方向）官方大纲编写的HCNA实验指南，除少部分内容根据教学实际情况进行了微调之外，绝大部分内容均在体例上和结构上与HCNA大纲保持一致。对于准备考取HCNA（数通方向）认证，或者进一步参加HCNP/HCIE（数通方向）课程的学员，尤其应当通过本书中给出的演示实验进行练习，以实验的方式复习HCNA阶段学习到的理论知识，进一步加深自己对基础理论的理解。

本书的目标读者包括：通过自学或参加HCNA/CCNA课程大体了解了HCNA基础知识的初学者，在高等院校或中等职业学校中完成了网络技术专业课程学习的学生，在工作中需要掌握华为设备技能却没有此类经验的初级工程师，以及拥有思科设备配置基础、希望直接了解华为设备基本操作方法的工程技术人员。

图书在版编目（CIP）数据

HCNA实验指南／苏函著. —北京：电子工业出版社，2016.1
（华为系列丛书）
ISBN 978-7-121-27745-0

Ⅰ. ①H… Ⅱ. ①苏… Ⅲ. ①企业内联网－教材 Ⅳ. ①TP393.18

中国版本图书馆CIP数据核字（2015）第288459号

策划编辑：宋　梅
责任编辑：宋　梅
印　　刷：北京虎彩文化传播有限公司
装　　订：北京虎彩文化传播有限公司
出版发行：电子工业出版社
　　　　　北京市海淀区万寿路173信箱　邮编　100036
开　　本：787×980　1/16　印张：11.5　字数：258千字
版　　次：2016年1月第1版
印　　次：2024年9月第12次印刷
定　　价：36.00元

凡所购买电子工业出版社图书有缺损问题，请向购买书店调换。若书店售缺，请与本社发行部联系，联系及邮购电话：（010）88254888。

质量投诉请发邮件至zlts@phei.com.cn，盗版侵权举报请发邮件至dbqq@phei.com.cn。

服务热线：（010）88258888。

关于作者

苏函，CCIE #28510（ISP&RS）HCIE　2440，业内明星级技术讲师，主讲路由交换、服务提供商方向的课程，偶尔客座安全方向。苏函老师的课程在内容上完善充实，在风格上循循善诱，在逻辑上脉络清晰，其讲授的系列课程在业内备受推崇。苏函老师自 2006 年即投身 ICT 技术行业，至今有 10 年从业经验。自 2011 年开始担任技术培训讲师，理论知识扎实、技术功底深厚、实践经验丰富，在课堂上可以对各类网络技术、解决方案及项目案例旁征博引、信手拈来。

苏函老师偏爱末世题材的图书及影片，尤其喜欢其中折射出来的人文主义情怀，对于切尔诺贝利事件兴趣尤浓。

关于技术审稿人

田果，CCIE #19036(RS&Sec)，8 年从业经验，历任工程技术人员、项目管理人员、讲师等。田果先生自 2008 年起参与过数十本网络技术图书的技术评审和十余本网络技术图书的翻译和本土化工作，是《趣学 CCNA》作者之一，曾经和正在参与创作的本土网络技术类作品已有数本。田果先生完成了这本书的技术审校，并适当添加了一些文字性的内容。

献　辞

此书献给我的爱人蒋漫漫，你给我的爱总是给我力量。再献给我的宝宝苏子尧，愿你早日度过这狗都厌恶的初生婴儿期并健康成长。

Acknowledgements:

致　谢

首先要感谢本书的技术审稿人田果先生，他细心负责地为本书修改和添加了所有的文字描述，让本书变得通俗易懂又有趣，没有他的辛苦付出，就没有本书；感谢 YESLAB 不忘初衷，从成立的那一天起就一直致力为网络技术爱好者提供一个完美的天堂；感谢我的恩师彭定学（《趣学 CCNA》作者之一），是他带领我进入网络技术的殿堂；感谢我们项目组的同事陈任仲、闫斌、韩士良、张均波、连恒川等对技术问题提供的探讨研究；感谢我的同事黄俏，在非技术层面提供的帮助，我们不仅是好同事，也是部落冲突游戏中的好战友；感谢我的家人，你们对我工作的支持是我前进的动力；最后，还要感谢 YESLAB 的创始人余建威，一直努力、坚韧地带领导着 YESLAB 不停前进并参加了本书的编写。

我要特别感谢我的妻子蒋漫漫，从结婚到现在对我所有的支持、理解、帮助和包容，我爱你；感谢我的宝贝女儿苏子尧，你的到来才让我的世界更完整，永远爱你，我的亲亲宝贝！

苏函

2015 年 12 月

前　言

适合人群

本书的创作目的是为了给那些通过自学或者参加培训课程的 HCNA 学习人士，提供一本可以通过实验强化所学理论的实验指导书。因此，本书最适合刚刚入行，仅具备初级网络基础的人群进行参考，包括但不限于正在参加或者准备参加 HCNA 和 CCNA 课程的人士、已经参加过一轮上述课程的人员、高等院校 IT 专业在读学生、刚刚入职从事网络类工作的初级工程师。除这本书之外，强烈推荐具有上述基础的读者配合阅读 YESLAB 工作室编写的另一本侧重于对本书中包含的基础理论进行妙语解读的图书《趣学 CCNA——路由交换》。

章节编排

本书在内容组织上严格参照 HCNA 的官方大纲设计，不仅内容涵盖除大纲中纯理论环节之外的全部内容，而且在内容编排的次序上也与 HCNA 大纲进行了对应。当然，我们也在极个别章节根据教学经验，而对实验的数量进行了一些适度的增删。

具体的章节分布与 HCNA 大纲的对应关系如下：

课程名称	HCNA 课程大纲	本书对应章节
HCNA 入门课程	**概述企业网络介绍**	**N/A**
	专题一：网络技术基础	**N/A**
	传输介质简介	
	分层模型及以太网帧结构	
	IP 编址	
	ICMP 协议	
	ARP 协议	
	传输层协议	
	数据转发过程	
	专题二：设备管理基础	**第 1 章　设备管理基础**
	VRP 基础	N/A
	命令行基础	实验一
	文件系统基础	实验二
	VRP 系统管理	实验三
	专题三：交换技术基础	**第 2 章　设备管理基础**
	交换网络基础	N/A
	生成树协议的原理与配置（STP）	实验一
	快速生成树协议的原理与配置（RSTP）	实验二

续表

课程名称	HCNA 课程大纲	本书对应章节
HCNA 入门课程	**专题四：路由技术**	**第 3 章　路由技术**
	IP 路由基础	N/A
	静态路由基础	实验一
	距离矢量路由协议	实验二
	链路状态路由协议	实验三
	专题五：常用的应用层协议	**第 4 章　常用的应用层协议**
	DHCP 的原理与配置	实验一
	FTP 的原理与配置	实验二
	远程网络管理协议的原理与配置	实验三、实验四
HCNA 进阶课程	**专题一：交换技术进阶**	**第 5 章　交换技术进阶**
	链路聚合	实验一
	VLAN 技术的配置与原理	实验二、实验三、实验四、实验五
	GARP 与 GVRP	实验六
	VLAN 间路由	实验七
	专题二：广域网技术	**第 6 章　广域网技术**
	HDLC 和 PPP 的原理与配置	实验一、实验二
	帧中继的原理与配置	实验三
	PPPoE 的原理与配置	实验四
	网络地址转换技术（NAT）	实验五、实验六
	专题三：常用的安全技术	**第 7 章　常用的安全技术**
	访问控制列表（ACL）	实验一
	AAA	（融合到前面的实验中）
	IPSec VPN 的原理与配置	实验二
	GRE 的原理与配置	实验三

总之，本书希望能够给那些刚刚通过 HCNA/CCNA 课程、高等教育课程或相关领域刚刚迈入网络技术世界，而对于如何利用业余时间复现课上内容并提高技术水准感到不知所措的读者提供一本可供参考的读物。

目　　录

上篇　HCNA 入门课程实验

下篇 HCNA 进阶课程实验

上篇　HCNA 入门课程实验

重点知识

- 第 1 章　设备管理基础
- 第 2 章　交换技术基础
- 第 3 章　路由技术
- 第 4 章　常用应用层协议

第 1 章　设备管理基础

在前言部分的章节编排部分我们已经说过，本章所对应的是 YESLAB HCNA 入门课程教学大纲中的专题二。因此，在阅读这一章之前，我们默认读者已经基本掌握了关于 OSI 模型、IP 编址（以及 VLSM 与 CIDR）、ICMP 协议、ARP 协议、TCP 协议和 UDP 协议的基本概念。了解上述这些知识是学习和演练一切网络技术的大前提。鉴于本书的目的是为具备一定理论基础的读者提供一本尽快上手华为设备的配置指导手册，因此对于这些唾手可得的基本理论介绍，本书不再花章节进行赘述。

在这一章中，我们的目的是演示如何对华为的路由器执行基本的配置操作，为本书后面各章的实验做好应用方面的技术储备。

1.1　实验一：VRP 命令行基础

1.1.1　背景介绍

在开始通过命令行界面配置华为设备之前，请读者务必熟悉视图的概念。

所谓视图，也可以称为配置模式。当设备管理员希望通过输入命令来要求设备执行某些操作时，他 / 她必须在正确的视图（也即配置模式）下输入相应的命令，这些命令才能生效。如果没有在命令所对应的视图下输入，系统就无法识别这条命令，这条命令当然也就不可能被设备所执行。

所以，命令行界面的视图，在一定程度上类似于图形化界面中的标签（或者选项卡）：当管理员须要修改某些设置的时候，仅仅点开设置这项属性的窗口还不够，还必须在正确的标签下才能找到设置这项参数的栏目。在命令行界面将命令划分到不同的视图中，貌似无端增加了管理员的配置步骤，提高了操作设备的技术门槛，其实这样做可以让设备的管理操作更加模块化，逻辑更加严谨清晰。更多好处不再一一列举，总之是利大于弊。华为设备常用的视图如图 1-1 所示。

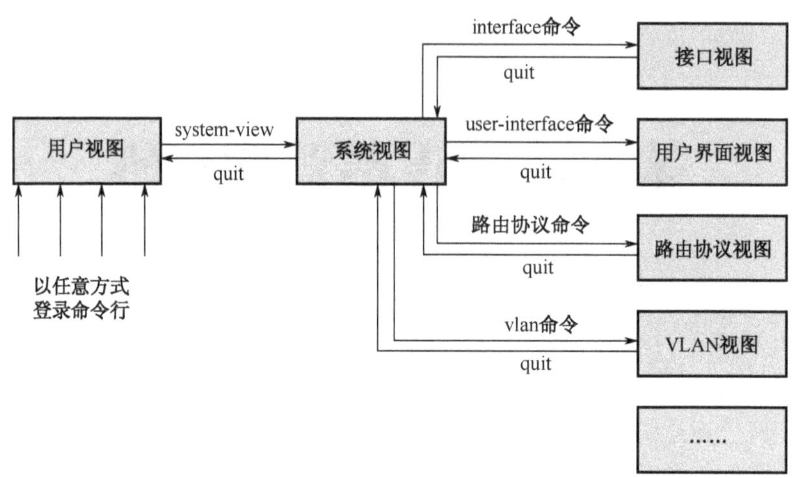

图 1-1　华为设备的常用视图及进入 / 退出方法

下面我们通过实验来演示如何进入华为设备的几个常用的视图，同时演示在这些视图下进行一些常见操作的流程与方法。

1.1.2　实验目的

掌握进入路由器各种模式，配置登录 console 口密码、系统视图密码，保存配置，删除配置等基本配置命令。

1.1.3　实验拓扑

本实验的拓扑环境如图 1-2 所示。

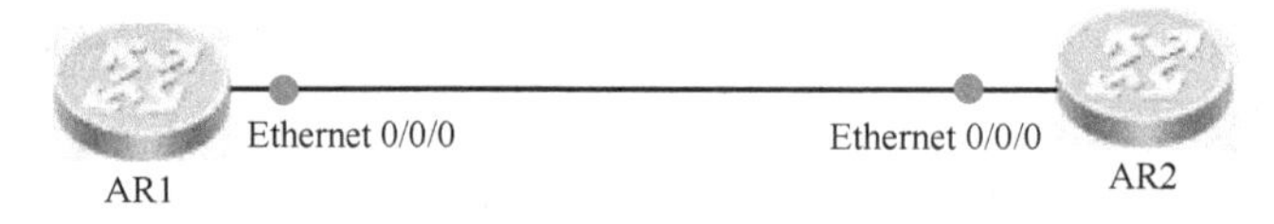

图 1-2　实验一的拓扑环境

这是整本书的第一个实验，除了有关于接口地址的配置与测试工作需要另一台设备进行配合之外，其他部分的实验完全可以在一台设备上本地完成。因此，实验一的拓扑也就是将两台路由器通过它们的以太网接口 Ethernet 0/0/0 进行连接。显然，这是所有能够被称为“网络”的环境中，最简单的实验环境。

1.1.4　实验环节

1. 用户视图

```
<Huawei>
```

如图 1-1 所示，当管理员登录进一台华为路由器时，会进入默认的视图，也就是用户视图。在用户视图中，设备的名称（Huawei）位于一对尖括号中，这对尖括号就是当前管理员处于设备用户视图中的标记。

2. 进入系统视图

```
<Huawei>system-view
Enter system view, return user view with Ctrl+Z.
[Huawei]
```

请读者再次参照图 1-1。如果处于用户视图的管理员希望进入系统视图，需要在用户视图中输入关键字 **system-view**。输入后，系统提示管理员“进入了系统视图，要返回用户视图请按 Ctrl+Z（Enter system view, return user view with Ctrl+Z）”。随后，包含设备名称的括号变成了一对方括号，这是管理员已经进入系统视图的标记。

这里我们希望向读者强调图 1-1 下面的黑体字部分，无论当前管理员处于哪一种视图的配置模式下，按 Ctrl+Z 都会退回到登录设备时默认的用户视图中。

3. 为设备命名

```
[Huawei]sysname AR1
[AR1]
```

在系统视图下，管理员所进行的设置操作往往相关于设备全局，比如给这台路由器命名。

在环节 3 中，我们按照实验拓扑中的要求，通过系统视图下的命令“**sysname** 设备新名称”，将设备的名称，也就是方括号中的内容修改为了 AR1。

在输入命令之后，可以看到下一行中，设备的名称就已经替换为我们刚刚修改的名称了。

4. 进入和退出接口视图

```
[AR1] interface Ethernet 0/0/0
[AR1-Ethernet0/0/0]
[AR1-Ethernet0/0/0]quit
[AR1]
```

处于系统视图中的管理员如果希望对某个接口进行配置，需要使用命令“**interface** 接口类型接口编号”，进入相应接口的接口视图中。

在上面的演示实验中，我们进入了编号为 0/0/0 的这个以太网接口。在进入以太网接口之后，可以看到方括号中的设备名称后面，用连字符添加了这个接口的接口编号，提示我们目前正在编辑这台设备的哪一个接口。

如图 1-1 所示，如果希望从接口视图退回到系统视图中，需要输入命令 **quit**。输入 quit 命令后，设备名称后面的连字符和接口编号都不复存在。这是设备在提示管理员：目前他 / 她处于修改设备全局设置的视图，也就是系统视图下。

5. 进入用户接口视图并更改 console 接口密码

```
[AR1]user-interface console 0
[AR1-ui-console0]authentication-mode password
[AR1-ui-console0]set authentication password cipher yeslab
[AR1-ui-console0]quit
[AR1]
```

在环节 4 中，我们演示了进入和退出设备数据传输接口配置模式的方法。而这里所谓的用户接口，就是设备管理员以管理为目的连接到这台设备的接口。虽然用户接口也属于数据传输接口，但其目的是为了实现人（管理员）机（这台设备）交互，而不是数据传输。

要想从系统视图进入用户接口视图，需要使用命令“**user-interface** 用户接口类型接口编号”，进入设备的 console 0 接口。

在输入命令之后，可以看到方括号中的设备名称后面增加了“ui-console0”这样的标识。其中，ui 是用户接口（user-interface）的缩写，而 console 0 显然是设备在提示我们目前正在设置哪一个用户接口。

注释：

在图 1-1 中，我们将“用户接口视图”写作了“用户界面视图”。实际上，interface 这个词在 IT 语境中长期存在一词多义的现象，它既可以翻译成“接口”，也可以翻译成“界面”。其实，真正了解技术背景的读者可以品味出这两个汉语词汇代指的基本是同一个意思，只不过“接口”更强调物理属性，而“界面”更强调人机交互的逻辑关系。

进入用户接口视图后，下一步是给所有通过 console 0 这个用户接口连接到设备上的用户设置一个本地登录密码，以防非法用户随意登录设备篡改配置信息。

首先，我们需要在用户接口视图中输入命令 **authentication-mode password**，来指明我们设置的管理员认证方式是本地密码。除了本地密码这种认证方式之外，也可以选择不认证或者使用 AAA 进行认证。

下一步是设置密码，命令是在这个用户接口的配置视图下面输入命令“**set authentication password cipher** 密码”，在上面的环节中，我们将密码设置为了 yeslab。从此之后，再通过 console 0 接口登录设备的管理员就必须输入密码 yeslab 才能通过认证的登录认证。

最后，如图 1-1 所示，我们通过命令 **quit** 退回到了系统视图中。

6. 路由协议视图

```
[AR1]rip
[AR1-rip-1]quit
[AR1]ospf
[AR1-ospf-1]quit
[AR1]
```

路由器的核心功能就是对数据执行路由转发。此时，为了让路由器之间能够共享路由信息，需要在不同的路由器上运行同一种路由协议。而路由协议的配置需要在路由协议视图下完成。

在系统视图下进入不同路由协议的视图，需要输入的命令也不相同。不过，在华为路由器上进入某种路由协议的视图，只需要输入该路由协议的名称就可以实现：比如在系统视图下输入 rip、ospf、isis，就可以分别进入这些路由协议的视图当中。

在环节 6 当中，当管理员输入 rip 后，我们可以看到路由器进入了 RIP 这款路由协议的视图；而当管理员在系统视图中输入了关键字 ospf 后，路由器也就进入了 OSPF 这款路由协议的视图。

在上面的配置中我们可以看到，无论进入的是哪种路由协议的视图，前面的标记都是类似的：方括号中为设备名称（AR1）加连字符（-）加路由协议（rip 或 ospf）加连字符（-）加 1，比如[AR1-ospf-1]。

这里的 1 是什么，仅仅通过上面的配置命令很难说清，这里暂且按下不表。但我们在这里必须提一句，像 ospf 这样的关键字后面，其实还可以添加很多参数。不过不配置这些参数，路由器会以默认参数进入路由协议视图，这里的 1 就是路由器为这些路由协议指定的一个默认参数。

7. 设置系统时间和时区

```
<AR1>clock timezone Beijing add 8
<AR1>clock datetime 19:57:00 2015-5-13
```

为华为路由器设置系统时区的关键字为 **clock timezone**，后面的 Beijing 是对这个时区配置所进行的命名，而 add 8 显然是指北京时间所在的+8 时区。

给设备配置系统时间的命令为 **clock datetime**，后面的内容显然是我们指定给设备的时间和日期。

8. 设置 telnet 密码

```
[AR1]user-interface vty 0 4
[AR1-ui-vty0-4]authentication-mode password
[AR1-ui-vty0-4]set authentication password simple yeslab
[AR1-ui-vty0-4]user privilege level 3
```

尽管我们期待这本图书的读者已经对这些基本的网络协议有了一定程度的了解，但为了使那些对于自己所掌握的知识并没有太大把握的读者也能顺利理解本书所述的内容，我们将用一段的篇幅用简要带过 Telnet 协议的概念。

Telnet 是一种远程管理协议，通过 Telnet 协议，管理员可以在远程通过互联网对路由器发起管理，而不需要在路由器本地通过 console 线缆连接路由器的 console 接口进行管理。

因为 telnet 协议建立的是人机对话的管理连接，所以针对 Telnet 协议的配置也需要通过用户接口视图来完成。又因为通过 Telnet 协议建立的管理通信是远程通信，用户并没有真的通过某个物理接口连接到设备，所以针对它的配置需要通过一种虚拟接口来完成，这种虚拟接口叫作 vty。

在配置的最开始，我们通过命令 user-interface vty 0 4，进入了从编号 0 到编号 4 的 5 个虚拟接口配置视图中。关于 user-interface 这条命令，我们已经在环节 5 中进行了介绍，这里只是将参数从 console 0 换成了 vty 0 4。

输入之后，根据提示符，可以看出我们目前已经进入了 vty 0 到 4 的用户接口视图当中。接下来给 Telnet 设置登录密码的方法也和环节 5 中给 console 接口登录路由器设置密码相差无几。

在这个环节中，最值得介绍的是最后一条命令。

管理员可以通过配置，让一台路由器执行很多操作，但并不是每一个登录到设备上的管理员都可以为所欲为。为了界定有权执行不同命令的用户，华为将登录到设备的用户分成了 15 个级别，将设备可以执行的命令分为了 4 个级别，并对它们进行了对应。

这些用户和命令级别的对应关系如表 1-1 所示。

表 1-1　用户级别和命令级别对应关系表

用户级别	命令级别	级别名称	说明
0	0	参观级	网络诊断工具命令（ping、tracert）、从本设备出发访问外部设备的命令（telnet 客户端）等
0	0、1	监控级	用于系统维护，包括 display 等命令
2	0、1、2	配置级	业务配置命令，包括路由、各个网络层次的命令，向用户提供直接网络服务
3～15	0、1、2、3	管理级	用于系统基本运行的命令、对业务提供支撑作用，包括文件系统、FTP、TFTP 下载、配置文件切换命令、备板控制命令、用户管理命令、命令级别设置命令、系统内部参数设置命令、用于业务故障诊断的 debugging 命令等

为用户接口分配用户级别的命令为“**user privilege level** 用户级别”。而从表 1-1 可以看到，管理员将那些通过 vty 0 到 4 建立管理连接并通过了密码验证的管理员，分配了管理级（3）的用户级别。

9. 保存配置文件

```
<AR1>save
The current configuration will be written to the device.
Are you sure to continue?[Y/N]y
```

虽然配置在设备上的配置基本都会即刻生效，但一旦设备重启，没有保存的配置就会消失，设备上的配置文件也会恢复到前一次保存时的状态。所以，如果不希望自己所做的配置在设备重启后消失，就需要保存自己所做的配置。

保存配置的命令相当简单，管理员只在用户视图下输入命令 **save** 即可。在输入后，系统会提示管理员"当前配置会被写入设备（The current configuration will be written to the device)"，并询问管理员是否继续（Are you sure to continue?[Y/N]）。此时，输入字母 y，配置即会保存到设备的启动配置文件中。

10. 清空配置文件

```
<AR1>reset saved-configuration
Warning: The action will delete the saved configuration in the device.
The configuration will be erased to reconfigure. Continue? [Y/N]:y
```

在有些情况下，我们希望将设备的配置文件清空。此时，需要在用户视图下输入命令 **reset saved-configuration** 来删除已经配置的文件。在输入该命令之后，设备会发出警告，警告管理员这项操作会删除设备上已经保存的配置（Warning: The action will delete the saved configuration in the device)，并询问管理员是否继续。此时，输入字母 y，配置即会清空。

11. 显示系统运行配置信息

```
[AR1]displaycurrent-configuration
#
sysname R1
#
------省略以下部分------=
```

在华为设备上查看信息，几乎都需要使用 **display** 系列命令。所以，**display** 系列命令几乎是华为设备上最常用，也最重要的命令。

环节 11 所示为在设备上查看当前配置的命令 **display current-configuration**。在输入这条命令后，管理员就会看到管理员对设备所做的配置信息。考虑到这条命令的输出信息相当庞大，而且我们以后也会反复使用这条命令，这里暂且略去它的大部分输出信息。

12. 配置 IP 地址

```
[AR1] interface Ethernet0/0/0
[AR1-Ethernet0/0/0]ip address 12.1.1.1 255.255.255.0
```

```
[AR2] interface Ethernet0/0/0
[AR2-Ethernet0/0/0]ip address 12.1.1.2 255.255.255.0
```

配置 IP 地址需要首先进入相应接口的配置视图中，在环节 4 中我们已经对此进行了介绍。接下来，管理员需要在相应接口的视图中输入“**ip address** IP 地址掩码”来为这个接口配置地址。

对于设备接口，管理员可以根据需要手动打开和关闭，打开接口的方法是在该接口的配置视图下输入命令 **undo shutdown**，而关闭接口的方法则是输入 **shutdown**。对于华为设备，其接口默认处于打开状态。

在上面的环节中，我们为图 1-2 所示拓扑中的两台路由器相邻以太网接口配置了同一个网段的 IP 地址。

13. 显示接口状态

```
[AR1]display interface Ethernet 0/0/0
Ethernet0/0/0 current state : UP
Line protocol current state : UP
Last line protocol up time : 2013-05-14 11:47:52 UTC-08:00
Description:
Route Port,The Maximum Transmit Unit is 1500
Internet Address is 12.1.1.1/24
IP Sending Frames' Format is PKTFMT_ETHNT_2, Hardware address is 5489-9897-8142
Last physical up time     : 2013-05-14 11:42:05 UTC-08:00
Last physical down time : 2013-05-14 11:42:02 UTC-08:00
Current system time: 2013-05-14 11:53:16-08:00
Hardware address is 5489-9897-8142
    Last 300 seconds input rate 3 bytes/sec, 0 packets/sec
    Last 300 seconds output rate 3 bytes/sec, 0 packets/sec
    Input: 1040 bytes, 11 packets
    Output: 1040 bytes, 11 packets
    Input:
      Unicast: 10 packets, Multicast: 0 packets
      Broadcast: 1 packets
    Output:
      Unicast: 11 packets, Multicast: 0 packets
      Broadcast: 0 packets
    Input bandwidth utilization   :     0%
    Output bandwidth utilization :     0%
```

接口的 IP 地址配置完成之后，我们可以对配置的结果进行查看。而查看接口状态的命令是“**display interface** 接口类型接口编号”。由于我们此前在环节 12 中配置了接口 Ethernet

0/0/0 的地址，因此这里我们输入的命令自然就是 display interface Ethernet 0/0/0。

通过这条命令的输出信息（阴影部分），我们可以清晰地看到目前这个接口的 IP 地址和子网掩码正是我们在上一个环节中配置的地址和掩码。

14．测试网络连通性

```
[AR1]ping 12.1.1.2
  PING 12.1.1.2: 56  data bytes, press CTRL_C to break
    Reply from 12.1.1.2: bytes=56 Sequence=1 ttl=255 time=60 ms
    Reply from 12.1.1.2: bytes=56 Sequence=2 ttl=255 time=40 ms
    Reply from 12.1.1.2: bytes=56 Sequence=3 ttl=255 time=10 ms
    Reply from 12.1.1.2: bytes=56 Sequence=4 ttl=255 time=50 ms
    Reply from 12.1.1.2: bytes=56 Sequence=5 ttl=255 time=30 ms

  --- 12.1.1.2 ping statistics ---
    5 packet(s) transmitted
    5 packet(s) received
    0.00% packet loss
    round-trip min/avg/max = 10/38/60 ms
```

华为路由器上必须也能够通过 ping 工具测试某个 IP 地址的可达性，而且命令也和在个人计算机上发起 ping 测试的命令没有任何区别，也就是 **ping** 被测地址。

在环节 14 中，我们在路由器 AR1 上对在环节 12 中配置的 AR2 直连地址 12.1.1.2 发起了测试。通过输出的信息可以看到，AR1 接收到了 AR2 发回的 5 个响应数据包，这说明这两个 IP 地址可以相互通信。这个测试结果也证明了我们之前所作的配置没有问题。

15．跟踪路径

```
[AR1]tracert 12.1.1.2
 traceroute to  12.1.1.2(12.1.1.2), max hops: 30 ,packet length: 40,press CTRL_C to break
 1 12.1.1.2 30 ms  50 ms  30 ms
```

除了 ping 工具之外，ICMP 协议的另一大常用工具非 traceroute 莫属。所谓 traceroute，直译就是跟踪路径。它的功能是告诉设备管理员，当前这台设备距离某个可达的 IP 地址之间，间隔了哪些设备（IP 地址）。当然，如果最终目的地址不可达，使用 traceroute 命令也可以检测出路径中的问题到底出现在哪里。

在华为路由器上，traceroute 工具的命令和在个人计算机的命令行界面中的命令相同，都是 **tracert** 被测地址，上面的内容显示了命令的输出信息：从 AR1 去往 12.1.1.2 只有 1 跳。换言之，两台设备直连。

注释：

了解 traceroute 工具的原理对于排障不无裨益，因此下面我们来简单介绍一下它的工作流程：IP 数据包有一个字段叫作生存时间，简称 TTL。这个字段目前的功能是倒计“跳”，不是倒计时，这里的“跳”是跳数的跳。数据包的始发设备在封装数据包时，会赋予这个数据包一个 TTL 值，每当下一台 IP 设备（下一跳设备）接收到这个数据包时，就会把这个数值减 1，直到接收它的 IP 设备发现这个 TTL 值已经是 1 时，就会把这个数据包丢弃，不再进行转发。同时这台丢弃数据包的设备会向源设备发送一个 ICMP 错误消息说明这个数据包因为 TTL 超时而无法发送。这个字段是 traceroute 工具赖以实现其功能的基础。

在设备执行 traceroute 时，它会首先发送一个 TTL 为 1 的数据包。这时，当第一跳 IP 设备接收到这个数据包时，它会丢弃这个数据包并向数据包的始发设备发送一个 ICMP 错误消息。接下来，始发设备再将数据包的 TTL 设置 2 进行发送，这次应该轮到第二跳的设备返回 ICMP 错误消息。这个过程不断进行，直到数据包到达目的地址位置。在这个过程中，每个 ICMP TTL 超时消息的源地址都会被记录下来，而这些地址就是这个数据包到达目的地之前所经历的路径。

16. 查看路由表

```
[AR1]display ip routing
Route Flags: R - relay, D - download to fib
------------------------------------------------------------------------------
Routing Tables: Public
         Destinations : 4          Routes : 4

Destination/Mask    Proto   Pre  Cost      Flags NextHop         Interface

      12.1.1.0/24   Direct  0    0           D   12.1.1.1        Ethernet0/0/0
      12.1.1.1/32   Direct  0    0           D   127.0.0.1       Ethernet0/0/0
     127.0.0.0/8    Direct  0    0           D   127.0.0.1       InLoopBack0
     127.0.0.1/32   Direct  0    0           D   127.0.0.1       InLoopBack0
```

路由表是路由器赖以转发数据包的依据，是与路由器核心功能关系最紧密的数据库。查看和分析路由器的路由表是很多网络工程师日常最重要的工作。

在华为设备上，查看路由表的命令是 **display ip routing**，在输入该命令后，我们可以看到 AR1 这台路由器的路由表中目前所拥有的路由条目。

我们会在后面的实验中反复使用这条命令，这里只作为预习，不进行过多解释性陈述。

1.2　实验二：VRP 系统管理基础

1.2.1　背景介绍

在上一个实验中，我们演示了如何通过配置华为的 VRP 系统来完成一些基本的配置操作。

在这个实验中，我们的重点同样是 VRP 系统的使用方法。但侧重点并不是如何通过 VRP 系统中的命令来实现路由器的功能，而是旨在向读者介绍如何实现 VRP 这款操作系统本身为管理员提供的功能。换言之，在这个实验中，我们会为读者介绍如何通过一些快捷键和组合键更加灵活高效地使用 VRP 系统，减轻工程师的管理工作负担。其中包括如何调出前一条配置的命令、如何移动配置光标、如何终止某些命令、如何让系统将不完整的命令补全、如何查找某个视图下的命令等。此外，VRP 文件系统的管理也包含在了这个实验当中。

1.2.2　实验目的

掌握 VRP 系统为管理员提供的一些操作方法。

1.2.3　实验拓扑

本实验会沿用图 1-2 所示的拓扑环境。

为了帮助读者分辨我们目前正在配置的设备，我们已经在实验开始之前配置好了这两台路由器的主机名（AR1 和 AR2），但并没有进行过其他配置。

1.2.4　实验环节

1. 方向键的使用

在配置时，使用键盘上的向上键“↑”，可以调出之前配置的命令，连续按下向上键可以按照倒序依次显示之前配置过的命令。

```
[AR1]interface GigabitEthernet 0/0/0
[AR1-GigabitEthernet0/0/0]ip address 12.1.1.1 255.255.255.0
[AR1-GigabitEthernet0/0/0]ip address 12.1.1.1 255.255.255.0
```

如上所示，第二条 ip address 就是我们通过向上键调出来的。在我们需要修改之前的配置时，常常需要使用这个功能。

假设我们希望将 AR1 的 GE0/0/0 接口地址修改为 12.1.1.100/24，那么在调出之前配置的命令之后，我们一定希望能够直接把光标移动到最后一个 1 后面，直接输入两个 0，就完成修改的工作，而不想重新输入后面的掩码。

在 VRP 系统中，我们可以通过键盘上的左右箭头（←和→）来移动光标的位置。

在图 1-3 中，我们通过方向键，将光标移动到了最后一个数字 1 的后面。

```
[AR1]interface GigabitEthernet 0/0/0
[AR1-GigabitEthernet0/0/0]ip address 12.1.1.1 255.255.255.0
```

图 1-3　通过方向键移动光标的位置

在成功移动光标之后，我们就可以十分方便地对命令进行修改了：

```
[AR1-GigabitEthernet0/0/0]ip address 12.1.1.100 255.255.255.0
```

注释：

当命令很长时，我们可以使用 CTRL+A 组合键将光标直接移动到命令的最前端，也可以使用 CTRL+E 组合键将它移动到命令的尾部。

2. 终止继续执行命令

如果我们希望终止执行某条耗时很长的命令，可以使用 CTRL+C 组合键来达到这一目的。

为了演示这组快捷键，我们先来配置好 AR2 的 IP 地址：

```
[AR2]int GigabitEthernet 0/0/0
[AR2-GigabitEthernet0/0/0]ip address 12.1.1.2 255.255.255.0
```

接下来，我们在 AR1 上通过命令 ping –c 对 AR2 发起一万次 ping 测试，并在中途使用命令 CTRL+C 组合键终止这一命令。

```
[AR1]ping -c 10000 12.1.1.2
  PING 12.1.1.2: 56  data bytes, press CTRL_C to break
    Reply from 12.1.1.2: bytes=56 Sequence=1 ttl=255 time=40 ms
    Reply from 12.1.1.2: bytes=56 Sequence=2 ttl=255 time=10 ms
    Reply from 12.1.1.2: bytes=56 Sequence=3 ttl=255 time=10 ms
    Reply from 12.1.1.2: bytes=56 Sequence=4 ttl=255 time=10 ms
    Reply from 12.1.1.2: bytes=56 Sequence=5 ttl=255 time=10 ms
    Reply from 12.1.1.2: bytes=56 Sequence=6 ttl=255 time=1 ms
    Reply from 12.1.1.2: bytes=56 Sequence=7 ttl=255 time=10 ms
Reply from 12.1.1.2: bytes=56 Sequence=8 ttl=255 time=10 ms
```

如阴影部分所示，在路由器刚刚开始执行 ping 命令时，系统就提示管理员：可以通过 CTRL+C 组合键终止命令的执行。

3. VRP 支持输入不完整的命令

在整个实验手册中，我们输入的所有命令都是完整的。但这并不代表管理员一定要把命令敲完整设备才能执行。

在下面的操作中，我们将 AR2 GE0/0/0 接口的 IP 地址由 12.1.1.2/24 修改为了 12.1.1.200/24，请读者观察我们实际输入的命令：

```
[AR2]int g0/0/0
[AR2-GigabitEthernet0/0/0]ip ad 12.1.1.200 24
```

如上所示，我们用 int 代替了 interface，用 g 代替了 GigabitEthernet，用 ad 代替了 address，这些设备全部都识别出来了，这足以证明设备能够识别不完整的命令。但无论如何，管理员必须将命令的关键字输入到足以消除其他歧义的那个字母为止。比如，输入 i g0/0/0 设备就无法识别管理员的意图，因为在系统视图下，以字母 i 开头的命令关键字并不只有 interface，设备无法分辨管理员要使用的是哪条命令。

此外，在命令 ip address，我们直接用 24 这个数字，代替了 255.255.255.0 来表示 IP 地址的掩码位数，这样做也可以产生相同的配置效果。

如果管理员不希望将命令输入一部分就交给系统执行，可以敲出命令的前半部分（直到足以消除歧义的那个字母），然后使用键盘上的 Tab 键将命令补全，如图 1-4 所示。

```
[AR2]int
[AR2]interface g
[AR2]interface GigabitEthernet
```

图 1-4　通过 Tab 键补全不完整的命令

在上图中一共有三行命令，每一行之间都是在前一行的基础上通过 TAB 键直接补全的。这样敲起来命令又快又完整，又不容易出错。

4. 查看命令

接下来要说的是我们推荐初学者尽量使用的配置技巧——在系统中输入问号（?）去要求系统提示可以使用的关键字。

在我们输入一条命令时，有可能会出现只记得命令的开始而不记得后面关键词的情况，此时我们就可以通过输入问号（?）来获取帮助信息。例如，当管理员要配置一个 IP 地址，但在输入 IP 后却忘记接下来该输入什么关键字时，就可以通过输入“?”向系统请求提示。

```
[AR1-GigabitEthernet0/0/0]ip ?
  accounting          <Group> accounting command group
  address             <Group> address command group
  binding             Enable binding of an interface with a VPN instance
  fast-forwarding     Enable fast forwarding
  forward-broadcast   Specify IP directed broadcast information
  netstream           IP netstream feature
```

```
    verify                  IP verify
```

以上显示的就是 IP 后面所有可以跟的关键字了。当然，每多输入一个字母，就可以缩小可选命令的范围。

```
[AR1-GigabitEthernet0/0/0]ip a?
  accounting          <Group> accounting command group
  address             <Group> address command group
```

5. VRP 文件系统的管理

在这个环节中，我们不再强调系统的功能，而会演示如何查看系统中各级目录（文件夹）下所包含的文件、如何进入和退出各级目录、如何添加和删除文件与文件夹等。需要指出的是，如果读者此前使用过 DOS 系统等主机系统的命令行界面，就会发现这里的很多命令都很熟悉。

在 VRP 系统中，通过命令 **dir** 可以查看当前目录下的文件：

```
<AR1>dir
Directory of flash:/

  Idx  Attr     Size(Byte)  Date        Time(LMT)  FileName
    0  -rw-        121,802  Feb 27 2014 10:22:19   portalpage.zip
    1  -rw-        828,482  Feb 27 2014 10:22:18   sslvpn.zip
    2  drw-              -  Oct 14 2015 15:05:18   dhcp
    3  -rw-          2,263  Oct 14 2015 15:05:11   statemach.efs

1,057,964 KB total (783,444 KB free)
```

如上所示，命令 dir 的输出信息中会显示出当前目录下有哪些文件和文件夹。其中，-rw-表示这是一个文件，而 drw-则表示这是一个文件夹。

在当前的目录，也就是根目录下，只有 dhcp 是一个文件夹。

使用命令“**cd** 文件夹名”即可进入到该文件夹的目录下，如下所示。

```
<AR1>cd dhcp
```

系统提示符本身只会显示管理员所在的配置视图，并不会显示出管理员所在的文件夹目录，如果管理员想要搞清楚自己目前在哪个文件夹下，需要使用命令 **pwd** 来进行查看。

```
<AR1>pwd
flash:/dhcp
```

如上所示，目前我们已经进入了 dhcp 这个文件夹下。

现在，当我们再次使用命令 dir 查看当前路径下的文件时，就会发现其中包含的文件与此前已经不同了，因为我们已经进入到了 dhcp 这个文件夹下。

```
<AR1>dir
Directory of flash:/dhcp/
```

```
   Idx  Attr      Size(Byte)  Date          Time(LMT)  FileName
     0  -rw-              98  Oct 14 2015 15:05:18   dhcp-duid.txt

1,057,964 KB total (783,444 KB free)
```

要想回到上一级目录，可以使用命令 cd..退出当前文件夹，如下所示。

```
<AR1>cd ..
<AR1>pwd
flash:
<AR1>
```

要想生成一个新的文件夹，可以使用命令“**mkdir** 文件夹名”进行创建，如下所示。

```
<AR1>mkdir yeslab
Info: Create directory flash:/yeslab......Done
```

创建之后，再次通过 dir 进行查看，可以看到我们刚刚创建出来的文件夹。

```
<AR1>dir
Directory of flash:/

   Idx  Attr      Size(Byte)  Date          Time(LMT)  FileName
     0  -rw-         121,802  Feb 27 2014 10:22:19   portalpage.zip
     1  -rw-         828,482  Feb 27 2014 10:22:18   sslvpn.zip
     2  drw-               -  Oct 14 2015 15:05:18   dhcp
     3  -rw-           2,263  Oct 14 2015 15:05:11   statemach.efs
     4  drw-               -  Oct 14 2015 16:18:31   yeslab

1,057,964 KB total (783,440 KB free)
```

删除文件夹需要通过命令“**rmdir** 文件夹名”来实现，如下所示。

```
<AR1>rmdir yeslab
```

输入该命令后，系统会要求管理员进行确认，此时输入 **y**（取消输入 n），系统即会删除该文件夹。

```
Remove directory flash:/yeslab? (y/n)[n]:y
%Removing directory flash:/yeslab...Done!
<AR1>
```

在 VRP 系统中，如果管理员想要将一个文件复制到一个文件夹下，需要使用命令“**copy** 文件名文件夹名”。

下面，我们尝试创建一个文件夹（test），然后把当前的文件 statemach.efs 拷贝到这个文件夹下。

```
<AR1>mkdir test
```

```
Info: Create directory flash:/test......Done
<AR1>copy statemach.efs test
```

输入命令之后，系统也会要求管理员对这条命令进行确认。确认后，进入相应目录下进行查看，就可以看到我们刚刚拷贝进来的这个文件，如下所示。

```
Copy flash:/statemach.efs to flash:/test/statemach.efs? (y/n)[n]:y
100%    complete
Info: Copied file flash:/statemach.efs to flash:/test/statemach.efs...Done
<AR1>cd test
<AR1>dir
Directory of flash:/test/
  Idx   Attr      Size(Byte)   Date          Time(LMT)   FileName
   0    -rw-            2,263   Oct 14 2015 16:22:52      statemach.efs
1,057,964 KB total (783,432 KB free)
```

要想对一个文件进行重命名，需要通过命令“**rename** 文件新文件名”，下面我们尝试将刚刚拷贝进来的文件重命名为 yeslab，并在确认后验证重命名的结果。

```
<AR1>rename statemach.efs yeslab
Rename flash:/test/statemach.efs to flash:/test/yeslab? (y/n)[n]:y
Info: Rename file flash:/test/statemach.efs to flash:/test/yeslab ......Done
<AR1>dir
Directory of flash:/test/

  Idx   Attr      Size(Byte)   Date          Time(LMT)   FileName
    0   -rw-            2,263   Oct 14 2015 16:22:52      yeslab

1,057,964 KB total (783,432 KB free)
```

删除当前目录下的文件需要使用命令“**delete** 文件名”，输入命令之后当然需要管理员进行确认。下面我们演示如何删除这个重命名的文件，如下所示。

```
<AR1>delete yeslab
Delete flash:/test/yeslab? (y/n)[n]:y
Info: Deleting file flash:/test/yeslab...succeed.
<AR1>dir
<AR1>dir
Info: File can't be found in the directory
1,057,964 KB total (783,428 KB free)
<AR1>
```

如上所示，由于这个文件夹下原本就只有 yeslab 这一个文件，因此删除之后，这个文件夹下就没有任何其他的文件了，此时系统显示“File can't be found in the directory（当前目录下没有找到文件）”。

不过，delete 命令所执行的操作只是将文件放到了回收站中，因此该命令的效果是可逆的，管理员如果反悔，还可以通过命令“**undelete** 文件名”来恢复刚刚删除的文件，如下所示。

```
<AR1>undelete yeslab
Undelete flash:/test/yeslab? (y/n)[n]:y
%Undeleted file flash:/test/yeslab.
<AR1>dir
Directory of flash:/test/
  Idx   Attr        Size(Byte)   Date            Time(LMT)   FileName
    0   -rw-              2,263   Oct 14 2015 16:22:52    yeslab
1,057,964 KB total (783,428 KB free)
<AR1>
```

如果希望永久地删除文件，让管理员无法恢复该文件，可以使用命令“**delete**/unreserved 文件名”。

```
<AR1>delete /unreserved yeslab
```

在输入命令之后，系统会弹出警告信息，告知管理员该文件不会放入回收站，而会直接被删除，要求管理员进行确认。

```
Warning: The contents of file flash:/test/yeslab cannot be recycled. Continue? (y/n)[n]:y
Info: Deleting file flash:/test/yeslab...
Deleting file permanently from flash will take a long time if needed...succeed.
```

对于放入回收站中的文件，管理员可以使用命令 **reset recycle-bin** 来进行清空。清空回收站时，系统会提示清空回收站时会粉碎（Squeeze）哪些文件，并要求管理员进行确认，如下所示。

```
<AR1>reset recycle-bin
Squeeze flash:/test/statemach.efs? (y/n)[n]:y
Clear file from flash will take a long time if needed...Done.
%Cleared file flash:/test/statemach.efs.
```

当系统发现管理员要求清空回收站时，回收站里并没有文件，那么系统也会给出相应的错误提示。

```
<AR1>reset recycle-bin
Error: File can't be found
<AR1>
```

在下一个实验中，我们会演示如何让一台华为设备与一台 FTP 服务器之间相互传输文件。

1.3　实验三：VRP 系统的备份与升级

1.3.1　背景介绍

在本实验中，我们会在华为设备与一台（由计算机充当的）FTP 服务器之间传输 VRP 系统文件。当管理员需要备份和更新（升级）华为设备的 VRP 系统文件时，常常需要通过这种方式来完成，因此本实验中展示的内容也是运用华为网络设备的基本功之一。

1.3.2　实验目的

掌握如何使用 FTP 服务器来备份和升级 VRP 系统。

1.3.3　实验拓扑

本实验的拓扑如图 1-5 所示。

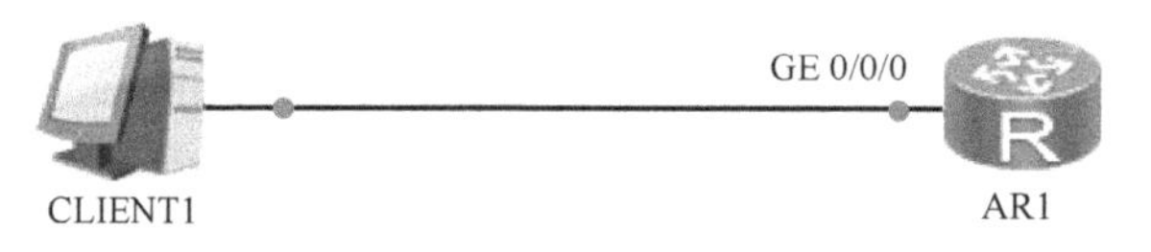

图 1-5　VRP 系统升级与备份的实验环境

在本实验中，我们用一台计算机与华为路由器 AR1 的 GE0/0/0 接口相连，并且通过安装软件，让这台计算机充当实验中的 FTP 服务器，与路由器 AR1 交换系统文件。

当然，用另一台华为路由器来充当 FTP 服务器也是可以的。我们会在第 4 章的实验二中介绍如何配置华为路由器，使其充当网络中的 FTP 服务器。

1.3.4　实验环节

1. 配置 IP 地址

首先，我们先来为 AR1 的 GE0/0/0 配置 IP 地址。在实验中，这个地址可以随意。

```
[AR1]interface GigabitEthernet 0/0/0
[AR1-GigabitEthernet0/0/0]ip address 1.1.1.1 255.255.255.0
```

接下来的任务自然是配置计算机的 IP 地址。当然，这个地址需要和 AR1 的 GE0/0/0 位于同一个网络中，配置的过程如图 1-6 所示。

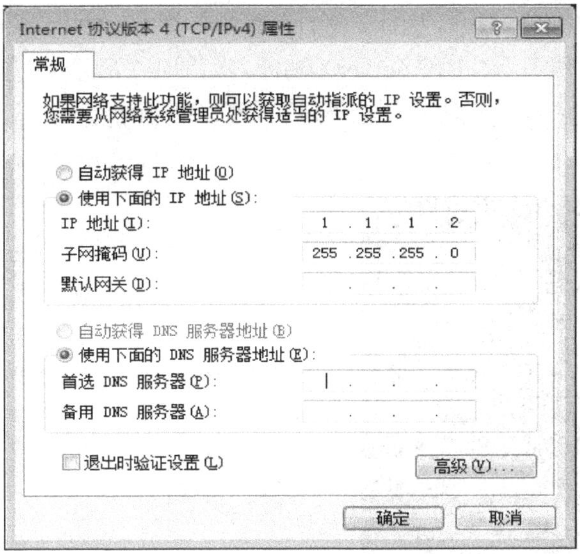

图 1-6　配置计算机的 IP 地址

在两端的 IP 地址都配置完成之后，我们可以通过 ping 来测试两台设备的连通性：

```
[AR1]ping 1.1.1.2
  PING 1.1.1.2: 56  data bytes, press CTRL_C to break
    Reply from 1.1.1.2: bytes=56 Sequence=1 ttl=64 time=1 ms
    Reply from 1.1.1.2: bytes=56 Sequence=2 ttl=64 time=1 ms
    Reply from 1.1.1.2: bytes=56 Sequence=3 ttl=64 time=1 ms
    Reply from 1.1.1.2: bytes=56 Sequence=4 ttl=64 time=1 ms
    Reply from 1.1.1.2: bytes=56 Sequence=5 ttl=64 time=1 ms

  --- 1.1.1.2 ping statistics ---
    5 packet(s) transmitted
    5 packet(s) received
    0.00% packet loss
    round-trip min/avg/max = 1/1/1 ms
```

注释：

此时如果 ping 不通，请暂时关闭 Windows 防火墙

2．配置 FTP 服务器软件

在本实验中，我们选用了 3CDaecom 这款软件来提供 FTP 服务，类似的 FTP 软件还有很多，读者可以根据自己的需要进行选择。

通过软件左侧的选项卡就可以看出：3CDaecom 这款软件拥有多项应用协议的相关功

能，并不仅仅是 FTP 服务器功能。因此，我们需要首先点击 FTP 服务器选项卡（FTP Server）让这款软件运行 FTP 服务器（FTP Server）功能，如图 1-7 所示：

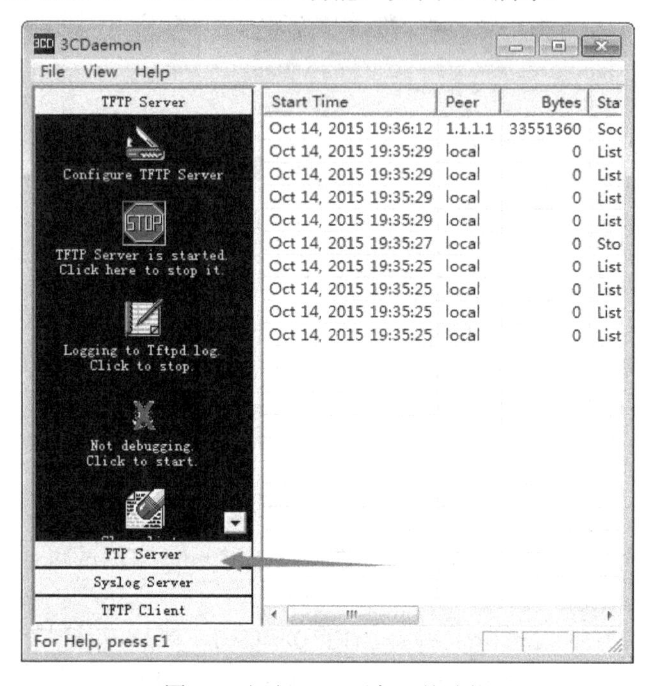

图 1-7　运行 FTP 服务器的功能

接下来，我们需要配置一个用户名，并且指定了文件的存储目录，如图 1-8 所示。

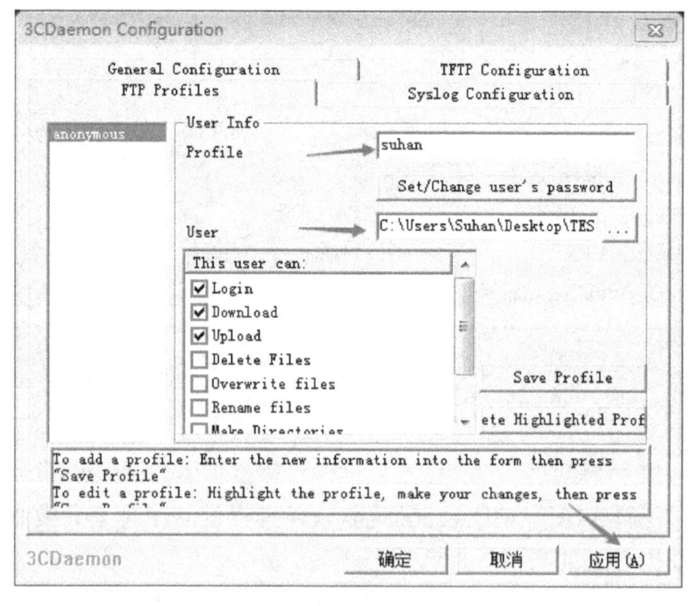

图 1-8　设置 FTP 服务器软件

接下来，我们需要设置 FTP 密码等参数。

首先，在点击应用键之后，可以在图 1-8 中看到用户名 suhan 已经创建好了，下面我们单击 Set/Change user's passoword（设置 / 更改用户密码），如图 1-9 所示：

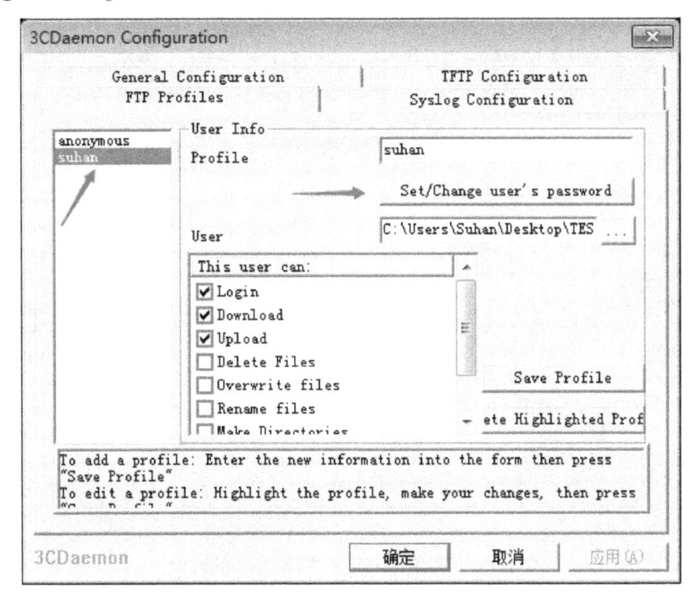

图 1-9　为用户设置密码

单击之后，可以在图 1-10 中看到，软件提示我们输入密码：

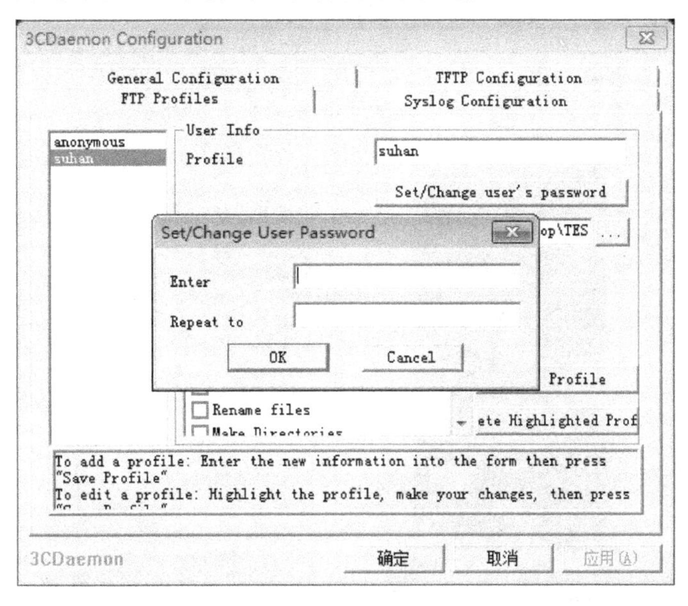

图 1-10　输入密码

输入密码之后，软件询问管理员是否要保存刚刚的配置。单击是，再点击确定，如图 1-11 所示，FTP 服务器软件的配置即告完成。

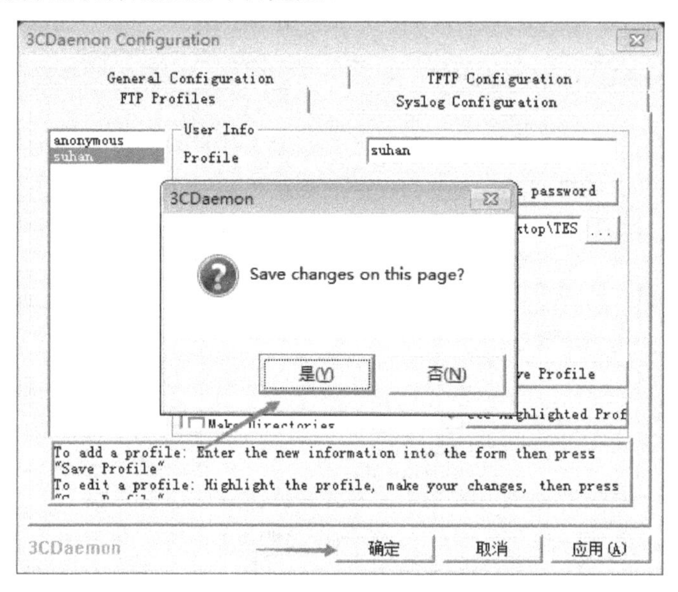

图 1-11　完成 FTP 服务器软件的配置

注意，图 1-12 箭头所指之处显示了当前 FTP 服务器是否处于运行状态。在当前所示的状态下，软件显示 FTP 服务器已经启动，单击这里可以停止运行（FTP Server is started. Click here to stop it.），这表示 FTP 服务器已经运行。

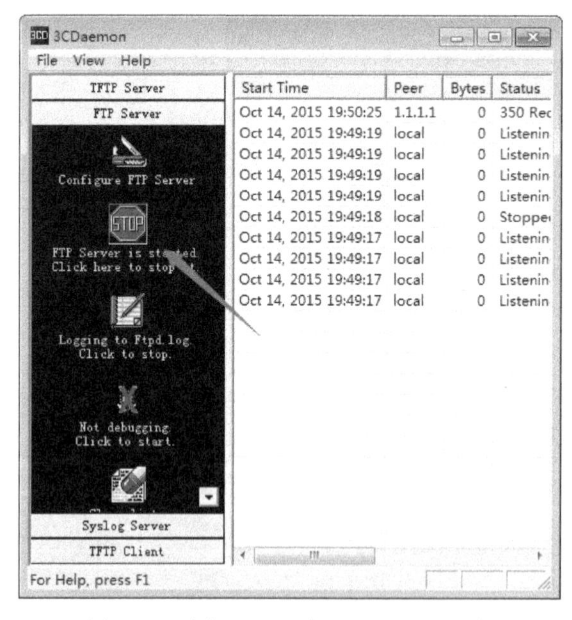

图 1-12　确保 FTP 服务器处于运行状态

接下来，我们回到 AR1 上向 FTP 服务器中传输（拷贝）系统文件。

3. 从华为路由器上向 FTP 服务器传输文件

首先，我们通过实验二中介绍的 dir 命令来查看 AR1 系统文件的文件名。

```
<AR1>dir
Directory of flash:/
  Idx  Attr     Size(Byte)   Date        Time(LMT)  FileName
    0  -rw-     95,820,416  Apr 20 2013 15:03:46   AR1220-V200R003C01SPC300.cc
    1  -rw-              0  Jun 01 2014 12:37:14   brdxpon_snmp_cfg.efs
    2  -rw-            396  Oct 26 2013 14:58:07   rsa_host_key.efs
    3  -rw-        286,620  Jun 01 2014 12:39:31   sacrule.dat
    4  -rw-            540  Oct 26 2013 14:59:22   rsa_server_key.efs
    5  -rw-         41,972  Oct 14 2015 17:09:14   mon_file.txt
    6  drw-              -  Oct 26 2013 14:57:57   dhcp
    7  -rw-        141,312  Oct 28 2013 09:26:30   ar1220-v200r003sph003.pat
    8  -rw-            684  Oct 14 2015 19:11:09   vrpcfg.zip
    9  -rw-            436  Oct 14 2015 19:11:19   private-data.txt
   10  -rw-         27,668  Aug 29 2015 12:06:30   mon_lpu_file.txt
```

可以看到阴影部分所示即为该文件的文件名。在查看到文件名之后，我们现在开始连接 FTP 服务器。

在 AR1 上输入命令“**ftp** FTP 服务器 IP 地址”来连接我们刚刚配置的 FTP 服务器。

```
<AR1>ftp 1.1.1.2
Trying 1.1.1.2 ...
Press CTRL+K to abort
Connected to 1.1.1.2.
220 3Com 3CDaemon FTP Server Version 2.0
User(1.1.1.2:(none)):suhan
331 User name ok, need password
Enter password:
230 User logged in

[AR1-ftp]
```

如上所示，在连接上 FTP 服务器之后，FTP 服务器要求我们输入用户名和密码，此时我们只需将配置 FTP 服务器时设置的用户名和密码输入进去，就可以通过命令提示符看出，我们当前已经连接上了之前配置的 FTP 服务器。

此时，我们需要输入命令“**put** 文件名”将该文件复制到 FTP 服务器中。输入命令之后，我们可以看到，文件传输已经开始执行。

```
[AR1-ftp]put AR1220-V200R003C01SPC300.cc
```

```
200 PORT command successful.
150 File status OK ; about to open data connection
| 3%
```

在等待一段时间之后，可以看到文件传输已经完成（File transfer successful）。

```
[AR1-ftp]put AR1220-V200R003C01SPC300.cc
200 PORT command successful.
150 File status OK ; about to open data connection
226 Closing data connection; File transfer successful.
FTP: 95820416 byte(s) sent in 303.930 second(s) 315.27Kbyte(s)/sec.
[AR1-ftp]
```

在上述过程结束之后，读者可以到自己设置的 FTP 服务器文件目录下去查看刚刚传输到 FTP 服务器上的文件。

下面我们继续介绍如何从 FTP 服务器向路由器上传输文件，在升级路由器系统文件时，我们经常需要执行这些操作（即先将新版 VRP 下载到 FTP 服务器上，然后再通过 FTP 服务器传输给路由器）。

4. 查看路由器可用存储空间

在开始传输之前，我们必须确保路由器上还有足够的空间可以存储新的 VRP 系统。验证这一点也可以通过命令 dir 来实现。

```
<AR1>dir
Directory of flash:/
  Idx  Attr      Size(Byte)  Date          Time(LMT)  FileName
--------省略---------
217,168 KB total (122,928 KB free)
```

上述信息清楚地显示出，路由器上还有 122 MB 的可用空间，足够再上传一个 VRP 了。

5. 从 FTP 服务器向华为路由器上传输文件

首先，我们同样需要通过 **ftp** 命令连接这台 FTP 服务器，并输入用户名和密码登录到服务器上。

```
<AR1>ftp 1.1.1.2
Trying 1.1.1.2 ...
Press CTRL+K to abort
Connected to 1.1.1.2.
220 3Com 3CDaemon FTP Server Version 2.0
User(1.1.1.2:(none)):suhan
331 User name ok, need password
Enter password:
230 User logged in
```

```
[AR1-ftp]
```

接下来，我们需要通过 dir 命令查看一下要传输的那个文件的文件名。注意，既然登录到了 FTP 服务器上，这条命令显示出的目录自然是 FTP 服务器里的文件目录。

```
[AR1-ftp]dir
200 PORT command successful.
150 File status OK ; about to open data connection
drwxrwxrwx 1 owner group            0 Oct 14 19:33 .
drwxrwxrwx 1 owner group            0 Oct 14 19:33 ..
-rwxrwxrwx 1 owner group     95820416 Oct 14 19:54 AR1220-V200R003C01SPC3001.cc
226 Closing data connection
FTP: 181 byte(s) received in 0.060 second(s) 3.01Kbyte(s)/sec.
[AR1-ftp]
```

显然，阴影部分显示的那个文件就是我们马上要复制到路由器上的文件。

注释：

为了区分于已经有的 VRP 文件，我们把刚才备份的那个文件名稍稍改动了一下，将其修改成了 AR1220-V200R003C01SPC3001.cc ，也就是在文件名的最后加了一个数字 1。

接下来，我们需要输入命令“**get** 文件名”将该文件从 FTP 服务器复制到路由器上。输入命令之后，我们可以看到，文件传输已经开始执行。

```
[AR1-ftp]get AR1220-V200R003C01SPC3001.cc
200 PORT command successful.
150 File status OK ; about to open data connection
\ 1%
```

同样，在经历了一段时间的等待之后，我们可以看到文件传输已经完成（File transfer successful）。

```
[AR1-ftp]get AR1220-V200R003C01SPC3001.cc
200 PORT command successful.
150 File status OK ; about to open data connection
226 Closing data connection; File transfer successful.
FTP: 95820416 byte(s) received in 651.088 second(s) 147.16Kbyte(s)/sec.
[AR1-ftp]
```

既然已经更新成功，下面我们通过 quit 命令离开 FTP 服务器，回到 AR1 上，查看一下 AR1 保存的文件中是否已经包含了这个我们刚刚传输过来的文件。

```
[AR1-ftp]quit
221 Service closing control connection


<AR1>dir
```

```
Directory of flash:/
  Idx   Attr      Size(Byte)   Date          Time(LMT)   FileName
    0   -rw-      95,820,416   Apr 20 2013 15:03:46   AR1220-V200R003C01SPC300.cc
-----省略------
   11   -rw-      95,820,416   Oct 14 2015 20:27:12   ar1220-v200r003c01spc3001.cc
217,168 KB total (29,344 KB free)
<AR1>
```

如上所示，在原本的系统文件之外，我们可以看到这个刚刚传输过来的文件。当然，这两个文件只有文件名不同。

6. 使用新的文件来启动系统

在更新之后，路由器上目前已经同时拥有了两个系统文件。既然这样做的目的是为了更新系统文件，下面我们需要通过配置，让路由器使用我们刚刚通过 FTP 服务器传输过来的这个文件来启动。

实现这一功能需要输入命令“**startup system-software** 系统文件名”来实现。

```
<AR1>startup system-software ar1220-v200r003c01spc3001.cc
This operation will take several minutes, please wait........
Info: Succeeded in setting the file for booting system
<AR1>
```

在输入该命令之后，系统表示这需要花几分钟的时间才能完成设置（This operation will take several minuters）。等待一段时间后，我们可以看到路由器提示我们：启动系统的文件已经设置成功（Succeeded in setting the file for booting syste）。

为了验证我们的设置，此时我们可以通过命令 **display startup** 来查看设备会使用哪个系统文件来完成启动。

```
<AR1>display startup
MainBoard:
  Startup system software:                   flash:/ar1220-v200r003c01spc300.cc
  Next startup system software:              flash:/ar1220-v200r003c01spc3001.cc
  Backup system software for next startup:   null
  Startup saved-configuration file:          null
  Next startup saved-configuration file:     flash:/vrpcfg.zip
  Startup license file:                      null
  Next startup license file:                 null
  Startup patch package:                     flash:/ar1220-v200r003sph003.pat
  Next startup patch package:                flash:/ar1220-v200r003sph003.pat
  Startup voice-files:                       null
  Next startup voice-files:                  null
```

如上所示，这条命令的输出信息清晰地显示出，设备启动系统的软件（Startup System Software）为原先的操作系统软件，而下一次启动的软件（Next Startup System Software）则会使用我们刚刚传输过来的那个系统文件（文件名后面多了一个数字 1）。

上述操作都是在路由器本身拥有操作系统的前提下更新操作系统时需要执行的配置，下面我们来介绍当设备本身已经没有 VRP 系统或者 VRP 系统已经损坏或丢失时，如何向路由器中传输一个 VRP 系统来恢复路由器的功能。

7．系统恢复

如果系统不能正常启动，路由器就会自动进入 BOOTROM menu 状态。

当系统正常时，我们也可以在系统启动时按下 Ctrl+B 组合键手动进入 BOOTROM menu。

```
Press Ctrl+B to break auto startup ... 3

Enter Password:******
```

在进入该系统时，路由器会要求管理员输入密码。在默认状态下，BOOTROM 菜单的密码为 huawei，一些高版本系统默认密码也可能是 Admin@huawei。

当管理员输入正确的密码后，就会看到下面的菜单。

```
          Main Menu

     1. Default Startup
     2. Serial Menu
     3. Network Menu
     4. Startup Select
     5. File Manager
     6. Reboot
     7. Password Manager

Enter your choice(1-7):
```

此时我们需要选择第 3 项，进入网络菜单（Network Menu），如下所示。

```
Enter your choice(1-7):3
          Network Menu

     1. Display parameter
     2. Modify parameter
     3. Save parameter
     4. Download file
     5. Upload file
     0. Return
```

此时，我们可以选择第 2 项，修改参数（Modify Parameter）。

```
Enter your choice(0-5):2

NOTE:
Ftp type define:   0(ftp), 1(tftp),
ENTER = no change; '.' = clear;

Ftp type                : 1 0
File name               : testAR1220-V200R003C01SPC3001.cc
Ethernet ip address : 1.1.1.1
Ethernet ip mask        : ffffff00
Gateway ip address   : 1.1.1.2
Ftp host ip address : 1.1.1.2
Ftp user                : suhan
Ftp password            : *******

Modify net parameter success.
```

注意，在改参数的时候，不用管已有的参数，直接在后面填写新的参数即可。

修改之后选择 0 返回上层菜单。

```
     1. Display parameter
     2. Modify parameter
     3. Save parameter
     4. Download file
     5. Upload file
0. Return

Enter your choice(0-5):0
```

接下来，我们再次输入 3 进入网络菜单。

```
     1. Default Startup
     2. Serial Menu
     3. Network Menu
     4. Startup Select
     5. File Manager
     6. Reboot
     7. Password Manager

Enter your choice(1-7):3
```

然后选择 4，文件下载（Download File）。此时系统会询问将文件下载到哪里，根据系统提示，我们在此需要输入 1（即下载到 flash 中）。

```
              Network Menu
          1. Display parameter
          2. Modify parameter
          3. Save parameter
          4. Download file
          5. Upload file
          0. Return
      Enter your choice(0-5):4
      Download file to: [ 1:flash ]:1
      File:[flash:/AR1220-V200R003C01SPC3001.cc] already exist! Are you sure to overwrite it? YES or
NO(Y/N): y
```

鉴于在这个实验的第 5 个环节中，我们已经从 FTP 中下载过这个文件，因此系统此时提示我们，这个文件已经存在，并且询问我们是否需要覆盖这个文件，输入 y 即可。

等路由器从 FTP 服务器中接收完系统文件后，我们只需返回上层菜单，然后选择 6，重启路由器（Reboot）即可。

```
          1. Default Startup
          2. Serial Menu
          3. Network Menu
          4. Startup Select
          5. File Manager
          6. Reboot
          7. Password Manager

      Enter your choice(1-7):6OK
```

注释：

大多数材料都会以 TFTP 演示路由器与文件服务器之间传输文件的实验。但考虑到 TFTP 传输存在 16 MB 的限制，所以我们在这里选择了相对复杂的 FTP 协议。但我们必须指出，路由器与 FTP 服务器之间传输系统文件的实验包含在 HCNA 大纲中，上述内容并不超纲。读者如果对使用 TFTP 协议完成上述实验感兴趣，可以自行进行尝试。TFTP 传输数据的过程在逻辑上与 FTP 完全一致，但具体使用方法更加简单，我们在此特别给出以下提示：

- 在配置 TFTP 软件时只需选择文件服务器的路径即可。
- 路由器与 TFTP 服务器传输数据时，不需要登录 TFTP 服务器。例如，在向 TFTP 服务器传输文件时，只需直接输入命令“**tftp**TFTP 服务器 IP 地址 **put** 要复制文件的文件名”即可在路由器上直接完成操作。

1.4 总结

本章是整本 HCNA 实验手册的第一章，其中涵盖的内容是开展所有后续实验的基础。具体来说，本章的第一个实验中包含了 VRP 系统各级视图中最基本的配置命令，譬如，如何设置设备的名称、如何设置各种设备登录密码、如何配置各个接口的 IP 地址、如何查看一些基本的设备信息等。在 VRP 系统管理的实验中，我们首先演示了 VRP 系统提供的一些可以简化操作的功能，而后则介绍了如何复制、添加、删除文件和文件夹。在本章的最后一个实验（实验三）中，我们通过路由器与一台 FTP 服务器相连的拓扑，介绍了华为路由器如何与 FTP 服务器相互传输（系统）文件以实现系统的升级和备份，以及在系统崩溃的情况下，如何通过 BOOTROM 完成系统恢复。

第 2 章　交换技术基础

本章的目的是帮助读者掌握 HCNA 大纲中，相应章节的实施方法。因此，读者在着手实施本章的实验之前，应该首先掌握与生成树协议（STP）、快速生成树协议（RSTP）有关的理论知识，因为本书并不会跳出实验操作，对这些理论知识进行过多陈述。

在本章中，我们会演示如何配置与生成树协议有关的参数和特性。但本章中并不包含 MSTP 的调试实验，因为华为的 HCNA 大纲将与 VLAN 有关的内容统统放在了 HCNA 进阶课程当中。对于已经充分掌握了 VLAN 技术的读者，可以在完成了本章介绍的实验之后，直接跳到本书进阶课程第 5 章——交换技术进阶中，练习 MSTP 的操作。

2.1　实验一：生成树协议（STP）的配置

2.1.1　背景介绍

在通信领域，为了实现冗余，网络中经常会存在一些潜在的环路，而这些环路对于网络而言是一个巨大的隐患。生成树协议（STP）是交换网络中的一项防环技术。通过这项技术，设备之间会通过选举的方式，将一些落选的端口从逻辑上进行阻塞，最终让原本的交换网络成为一个无环的树状拓扑。

防环技术向来是一类相当重要的技术。为了防患于未然，防环技术往往会在管理员没有执行任何配置的前提下就会默认启用，STP 就是这类放环技术的其中之一。

然而，不需要进行配置，并不等于不可以进行配置。默认就会运行，更不等于默认的运行方式可以满足各个网络的个性化需求。在这个实验中，我们会介绍如何查看 STP 的运行状态，以及如何通过修改 STP 参数来改变 STP 的默认运行方式。

2.1.2　实验目的

掌握 STP 的配置命令，掌握修改网桥优先级影响根网桥选举的方法，掌握影响根端口和指定端口选举的方法。

2.1.3　实验拓扑

本实验的拓扑环境如图 2-1 所示。

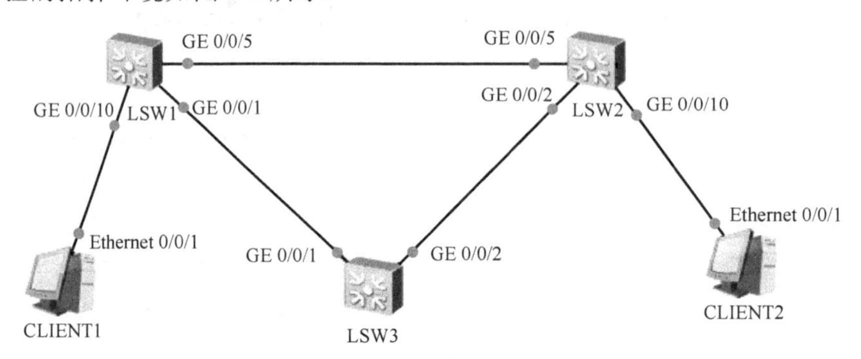

图 2-1　实验一的拓扑环境

在图 2-1 中，三台华为交换均通过两个吉比特以太网接口两两相连，构成了一个环状网络，关于生成树的实验就将在这个网络中展开。

在本次实验开始之前，我们已经通过第 1 章介绍的命令将三台交换机分别按照图 2-1 所示进行了命名。当然，对于交换机进行命名的命令，与命名路由器的命令毫无区别。

在这个网络中，为了测试传统 STP 的收敛速度，我们添加了两台计算机，它们分别用网卡与 LSW1 和 LSW2 的 GE0/0/10 相连。当然，鉴于图 2-1 是一个纯二层的环境，因此这两台计算机的 IP 地址位于同一个网段中。

2.1.4　实验环节

1. 配置 STP

在背景介绍部分，我们已经说过：各大厂商为防微杜渐，像生成树这类防环机制大都默认就会启用。但对于华为的设备来说，默认启用的生成树模式是 MSTP，而不是传统的 STP。如果希望交换机运行基本的 STP 模式，需要管理员手动通过命令进行修改。

```
[LSW1]stp enable
[LSW1]stp mode stp
[LSW2]stp enable
[LSW2]stp mode stp
[LSW3]stp enable
[LSW3]stp mode stp
```

在上面的环节中，**stp enable** 这条命令的作用顾名思义就是启用 stp，而后面的命令“**stp mode** 模式”目的则是将这台交换机运行的生成树协议切换为普通的 STP 模式。

2. 查看 STP 的状态信息

查看 STP 状态最常用的命令为 **display stp**。这条命令可以显示大量与 STP 有关的信息，读者务必熟练掌握。

```
[LSW1]display stp
-------[CIST Global Info][Mode STP]-------
CIST Bridge          :32768.4c1f-cc58-bd76
Config Times         :Hello 2s MaxAge 20s FwDly 15s MaxHop 20
Active Times         :Hello 2s MaxAge 20s FwDly 15s MaxHop 20
CIST Root/ERPC       :32768.4c1f-cc58-bd76 / 0
CIST RegRoot/IRPC    :32768.4c1f-cc58-bd76 / 0
CIST RootPortId      :0.0
BPDU-Protection      :Disabled
TC or TCN received   :8
TC count per hello   :0
STP Converge Mode    :Normal
Time since last TC   :0 days 0h:2m:23s
Number of TC         :8
Last TC occurred     :GigabitEthernet0/0/1
----[Port1(GigabitEthernet0/0/1)][FORWARDING]----
 Port Protocol       :Enabled
```

如上所示，我们在 LSW1 这台交换机上使用了这条命令。在阴影部分中可以看出，这台交换机目前运行的模式就是普通的 STP（Mode STP），它的桥 ID 为 4c1f-cc58-bd76（CIST Bridge），优先级值为 32768。而这个交换网络的根桥 ID 也是 4c1f-cc58-bd76（CIST Root），优先级值也是 32768，LSW1 去往根桥的开销则是 0（ERPC）。这显然表示这台交换机，也就是 LSW1 就是这个网络中的根桥。

了解 STP 的工作原理的读者想必清楚：既然 LSW1 是根网桥，LSW1 上的所有端口都应该是指定端口，验证这一点最方便的命令是 **display stp brief**。

```
[LSW1]display stp brief
 MSTID  Port                      Role  STP State     Protection
   0    GigabitEthernet0/0/1      DESI  FORWARDING      NONE
   0    GigabitEthernet0/0/5      DESI  FORWARDING      NONE
```

如上所示，这台交换机的两个端口的角色（Role）皆为指定端口（DESI），且状态（STP State）都是转发（FORWARDING）。下面来查看 LSW2 和 LSW3 的端口角色和状态。

```
[LSW2]display stp brief
MSTID Port                        Role  STP State     Protection
   0    GigabitEthernet0/0/2      ALTE  DISCARDING      NONE
```

```
    0      GigabitEthernet0/0/5           ROOT    FORWARDING        NONE
```

如上所示，LSW2 的 G0/0/5 为根端口（ROOT），状态为转发；而 G0/0/2 端口则因为 COST 值最低，而处于丢弃状态。

```
[LSW3]display stp brief
 MSTID Port                            Role  STP State       Protection
    0      GigabitEthernet0/0/1           ROOT    FORWARDING        NONE
    0      GigabitEthernet0/0/2           DESI    FORWARDING        NONE
```

根据上面的输出信息可以看出，LSW3 上的 G0/0/1 是一个处于转发状态的根端口；而 G0/0/2 则是处于转发状态的指定端口。

3．修改网桥的优先级值

```
[LSW1]stp priority 4096
```

管理员可以通过修改网桥的优先级值来控制交换网络中被选举为根网桥的设备，修改网桥优先级值的命令为“**stp priority** 优先级值”。

在上面，我们通过这条命令将 LSW1 的优先级值修改为了 4096。

下面我们在 LSW3 上通过命令 **display stp** 来查看修改的效果。

```
[LSW3]display stp
-------[CIST Global Info][Mode STP]-------
CIST Bridge            :32768.4c1f-cc68-4ecb
Config Times           :Hello 2s MaxAge 20s FwDly 15s MaxHop 20
Active Times           :Hello 2s MaxAge 20s FwDly 15s MaxHop 20
CIST Root/ERPC         :4096 .4c1f-cc58-bd76 / 1
CIST RegRoot/IRPC      :32768.4c1f-cc68-4ecb / 0
CIST RootPortId        :128.1
BPDU-Protection        :Disabled
TC or TCN received     :27
TC count per hello     :2
STP Converge Mode      :Normal
Time since last TC     :0 days 0h:0m:3s
Number of TC           :7
Last TC occurred       :GigabitEthernet0/0/1
----[Port1(GigabitEthernet0/0/1)][FORWARDING]----
```

如上面的输出信息所示，LSW3 的桥 ID 为 4c1f-cc68-4ecb，它的优先级值为 32768；而这个交换网络中的根网桥 ID 则是 4c1f-cc58-bd76，与环节 2 中的输出信息进行对照，不难发现这正是 LSW1 的网桥 ID，而它的优先级值已经成为了我们刚刚修改的 4096。

修改后，由于 LSW1 依然是根，所以各个端口的状态不会发生变化。

4. 修改端口的开销值

```
[LSW3]interface GigabitEthernet 0/0/1
[LSW3-GigabitEthernet0/0/1]stp cost 3
```

端口的开销值决定了哪些端口成为非根网桥根端口、哪些端口成为链路的指定端口。管理员可以通过命令来修改交换机端口的开销值，进而影响各个端口的角色。

修改端口开销值需要进入相应端口的接口视图，然后通过命令“**stp cost** 开销值”将这个端口的开销值修改为指定的数值。在环节 4 中，我们对 LSW3 的 G0/0/1 端口修改了开销值，将其修改为 3。

现在，我们再次查看 LSW3 各个端口的角色。

```
[LSW3]display stp brief
 MSTID Port                    Role  STP State     Protection
   0    GigabitEthernet0/0/1   ALTE  DISCARDING      NONE
   0    GigabitEthernet0/0/2   ROOT  LEARNING        NONE
```

根据上面的输出信息不难发现，G0/0/2 由指定端口变为了根端口，而 G0/0/1 的则干脆由根端口进入了丢弃（DISCARDING）状态。显然，此时原本处于丢弃状态的 LSW2 G0/0/2 会成为指定端口，并将进入转发状态。

注释：

再次强调，作为一本实验指南，我们不准备在此介绍 STP 的工作原理。

5. 测试收敛时间

下面我们通过两台计算机来测试 STP 的收敛速度。

首先，我们在两台计算机的网卡上分别配置了 IP 地址 1.1.1.1/24 和 1.1.1.2/24，使它们位于同一个网段中，计算机主机地址的配置方法如第 1 章的图 1-6 所示，这些内容过于基础，并不是 HCNA 中包含的内容，相信读者在阅读本书之前都已经掌握，这里不再重复粘贴截图。

下面，我们登上 Client1 连续 ping Client 2，如图 2-2 所示。

显然，目前网络处于连通的状态，我们手动关闭 LSW2 与 LSW1 相连的接口。

```
[LSW2]interface GigabitEthernet 0/0/5
[LSW2-GigabitEthernet0/0/5]shutdown
```

此时，用于数据传输的链路已然被我们手动关闭，STP 必须重新进行收敛，通过开启原先被逻辑阻塞的端口来启用备用链路。现在，我们回到 Client1 观察 STP 重新收敛到网络连同状态所需的时间，这个过程如图 2-3 所示。

```
CLIENT1
基础配置　命令行　组播　UDP发包工具

Ping 1.1.1.2: 32 data bytes, Press Ctrl_C to break
From 1.1.1.2: bytes=32 seq=1 ttl=128 time=46 ms
From 1.1.1.2: bytes=32 seq=2 ttl=128 time=62 ms
From 1.1.1.2: bytes=32 seq=3 ttl=128 time=31 ms
From 1.1.1.2: bytes=32 seq=4 ttl=128 time=31 ms
From 1.1.1.2: bytes=32 seq=5 ttl=128 time=47 ms

--- 1.1.1.2 ping statistics ---
  5 packet(s) transmitted
  5 packet(s) received
  0.00% packet loss
  round-trip min/avg/max = 31/43/62 ms

PC>ping 1.1.1.2 -t

Ping 1.1.1.2: 32 data bytes, Press Ctrl_C to break
From 1.1.1.2: bytes=32 seq=1 ttl=128 time=16 ms
From 1.1.1.2: bytes=32 seq=2 ttl=128 time=31 ms
From 1.1.1.2: bytes=32 seq=3 ttl=128 time=31 ms
From 1.1.1.2: bytes=32 seq=4 ttl=128 time=32 ms
From 1.1.1.2: bytes=32 seq=5 ttl=128 time=16 ms
From 1.1.1.2: bytes=32 seq=6 ttl=128 time=31 ms
From 1.1.1.2: bytes=32 seq=7 ttl=128 time=47 ms
From 1.1.1.2: bytes=32 seq=8 ttl=128 time=47 ms
```

图 2-2　在 Client1 上向 Client2 发起连续的 ping 测试

```
CLIENT1
基础配置　命令行　组播　UDP发包工具

From 1.1.1.2: bytes=32 seq=91 ttl=128 time=31 ms
From 1.1.1.2: bytes=32 seq=92 ttl=128 time=47 ms
From 1.1.1.2: bytes=32 seq=93 ttl=128 time=16 ms
From 1.1.1.2: bytes=32 seq=94 ttl=128 time=63 ms
Request timeout!
Request timeout!
Request timeout!
Request timeout!
Request timeout!
Request timeout!
Request timeout!
Request timeout!
Request timeout!
Request timeout!
Request timeout!
Request timeout!
Request timeout!
Request timeout!
Request timeout!
Request timeout!
Request timeout!
From 1.1.1.2: bytes=32 seq=112 ttl=128 time=62 ms
From 1.1.1.2: bytes=32 seq=113 ttl=128 time=78 ms
From 1.1.1.2: bytes=32 seq=114 ttl=128 time=62 ms
From 1.1.1.2: bytes=32 seq=115 ttl=128 time=31 ms
From 1.1.1.2: bytes=32 seq=116 ttl=128 time=62 ms
From 1.1.1.2: bytes=32 seq=117 ttl=128 time=47 ms
```

图 2-3　STP 重新收敛所经历的时间

如上所示，在经历了 30 秒的时间之后，两台客户端方才重新建立通信。

在开始实验二之前，我们重新打开 LSW2 GE0/0/5。

```
[LSW2]interface GigabitEthernet 0/0/5
[LSW2-GigabitEthernet0/0/5]undo shutdown
```

> **注释：**
> 在实验二中，我们会在本实验配置的基础上进行配置，亦请准备马上着手实验二配置的读者暂勿清除上面的配置。

2.2 实验二：快速生成树协议（RSTP）的配置

2.2.1 背景介绍

快速生成树协议（RSTP）砍掉了 STP 状态机中一些区别不大的状态，这样做的目的是在收敛速度上对传统 STP 进行优化。因此，当运行 RSTP 的网络在链路出现故障时，可以比运行 STP 的网络更快地完成收敛，减少网络因故障而导致的丢包，如图 2-4 所示。

2.2.2 实验目的

掌握如何让一台华为交换机运行 RSTP 并对配置结果进行验证。

2.2.3 实验拓扑

本实验将沿用实验一中的拓扑和配置。

2.2.4 实验环节

1. 配置 RSTP

根据实验一的第 1 个环节的配置，很容易想象出如何让一台交换机工作在 RSTP 模式下，其方法就是使用命令“**stp mode** 模式”调整交换机运行的 STP 模式，即通过配置命令 **stp mode rstp** 让交换机运行 RSTP。

```
[LSW1]stp mode rstp
[LSW2]stp mode rstp
[LSW3]stp mode rstp
```

配置完成之后，我们来进行一下验证。

2. 验证 STP 的状态

在完成了上述命令之后，立刻使用实验一第 2 个环节中介绍的命令 **display stp**，可以立刻看到交换机已经在运行 RSTP 协议了。

```
[LSW1]display stp
-------[CIST Global Info][Mode RSTP]-------
```

最后一个环节，为了证明 RSTP 拥有更优的收敛速度，我们继续采用实验一中的方式来进行测试。

3. 测试收敛时间

我们继续使用实验一中测试 STP 的方法来测试 RSTP 的收敛时间，首先我们关闭 LSW2 的 GE0/0/5。

```
[LSW2]interface GigabitEthernet 0/0/5
[LSW2-GigabitEthernet0/0/5]shutdown
```

关闭端口之后，ping 测试的结果如图 2-4 所示。

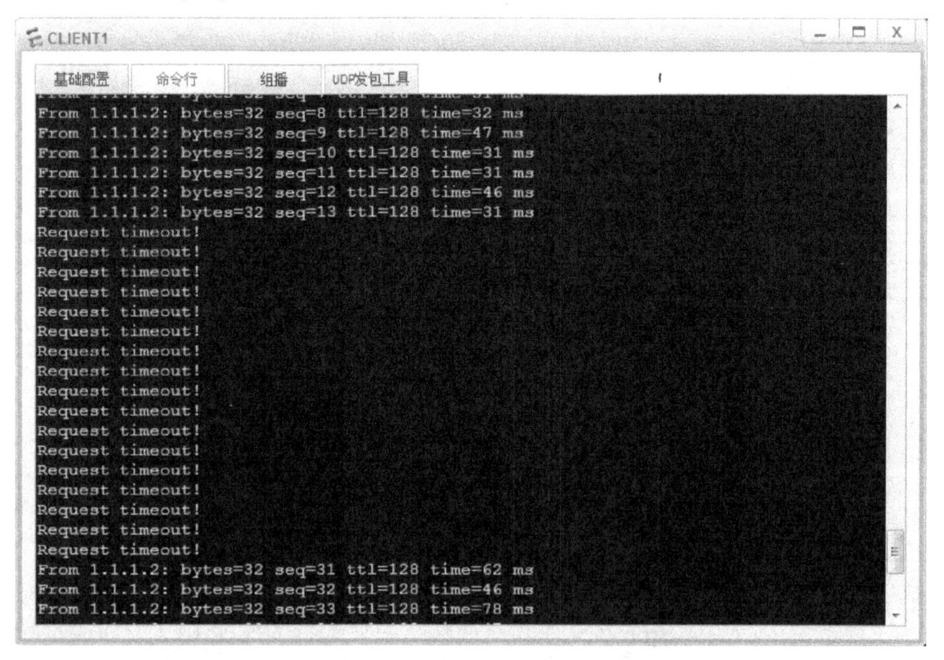

图 2-4　仅切换 STP 工作模式后网络收敛所经历的时间

显然，虽然 STP 的工作模式变成 RSTP，但并没有提高收敛的速度。

我们重新打开接口，再来解释实验现象。

```
[LSW2]interface GigabitEthernet 0/0/5
[LSW2-GigabitEthernet0/0/5]undo shutdown
```

收敛速度没有提高的原因解释起来比较复杂。简单地说，这是由于交换机与 PC 相连的接口没有被配置为边缘端口（edged-port），所以当这个接口被同步掉后，交换机在向 PC 发送 proposal 时，收不到 agreement，这就是交换机无法快速收敛，依然要等 30 秒的原因。其中具体原理需要借助 BPDU 和 STP 状态机来进行说明，本书不进行过多解释，感兴趣的读者可以购买涉及 STP 工作原理的图书，上网查询相关资料或者报名参加 HCNA/CCNA 培训课程，掌握相关理论知识。

从实用的角度上说，要想实现快速收敛，除了将模式配置为 RSTP 之外，还要在交换机上连接终端设备（非转发设备）的端口，通过命令 **stp edged-port enable** 来启用边缘端口特性。

说到做到，我们先在 LSW1 的 GE0/0/10 上启用这一特性。

```
[LSW1-GigabitEthernet0/0/10] interface GigabitEthernet 0/0/10
[LSW1-GigabitEthernet0/0/10]stp edged-port enable
```

接下来也要在 LSW2 的 GE0/0/10 上启用这一特性。

```
[LSW2-GigabitEthernet0/0/10] interface GigabitEthernet 0/0/10
[LSW2-GigabitEthernet0/0/10]stp edged-port enable
```

完成上述配置之后，我们再次关闭 LSW2 的 GE0/0/5 进行测试。

```
[LSW2]interface GigabitEthernet 0/0/5
[LSW2-GigabitEthernet0/0/5]shutdown
```

关闭接口之后，Client2 上执行连续 ping 测试的结果如图 2-5 所示。

图 2-5　收敛时间明显缩短

通过输出信息可以清楚地看到，网络的收敛速度变快了，在连续的 ping 测试中，只出现了一次丢包的情况。

2.3 总结

本章只包含了传统 STP 和 RSTP 两个实验。这两个实验的配置相当简单，验证命令也不复杂。为了对比两种 STP 模式的收敛速度，本章特意在拓扑中添加了两台计算机。在实验中，我们通过在两种 STP 模式下手动关闭主用链路接口，观察计算机 ping 包丢失的情况，证明了 RSTP 收敛速度更快的特征，同时引入了边缘端口的特性。

第3章　路由技术

路由技术纵然不是HCNA学习过程中最重要的内容，至少也是最重要的内容之一。本章对应HCNA入门课程大纲中的专题四，是读者务必应该用心学习掌握的内容。在这一章中，我们会从静态路由在华为路由器上的配置开始进行演示，进而开始介绍距离矢量型路由协议和链路状态型路由协议的两大代表协议，即RIP和OSPF在华为路由器上的实现方式。

为了突出这一章的重要性，针对动态路由协议，我们准备了大量的实验，以期涵盖尽可能多的应用环境和技术细节。但在阅读本章之前，读者需要对于路由技术的基本概念有所了解。

3.1　实验一：静态路由基础

3.1.1　背景介绍

管理员通过配置静态路由的方式，告诉路由器如何将数据包发给某个目的地址。当网络规模不大时，这是实现路由转发最为直观的方式。即使在具备一定规模的网络环境中，管理员也经常会根据实际需要将静态路由与动态路由协议结合起来使用。

配置静态路由就是给路由器指路，因此配置的内容中难免会包含要去的目的地址与掩码，以及下一跳/出站接口。

3.1.2　实验目的

掌握通过配置静态路由实现IP数据可达的方法。

3.1.3　实验拓扑

本实验的拓扑环境如图3-1所示。

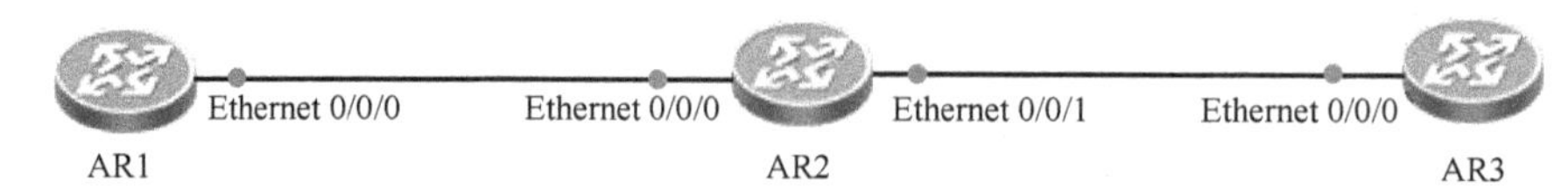

图 3-1　实验一的拓扑环境

与路由相关的实验必须涉及非直连的网络，因为直连网络天然就存在于路由器的路由表中，不需要配置和学习任何的路由。虽然给两台直连路由器各自创建一个环回接口也可以勉强搭建出符合需求的实验环境，但为了让测试的效果更加直观，我们使用了图 3-1 所示的这种包含三台路由器的环境。路由器的命名和拓扑中使用的接口均严格参照图 3-1 中的信息，不再用文字进行描述。

3.1.4　实验环节

1. 基础配置

```
<Huawei>system-view
[Huawei]sysname AR1
[AR1]interface Ethernet 0/0/0
[AR1-Ethernet0/0/0]ip address 12.1.1.1 255.255.255.0
<Huawei>system-view
[Huawei]sysname AR2
[AR2]interface Ethernet 0/0/0
[AR2-Ethernet0/0/0]ip address 12.1.1.2 255.255.255.0
[AR2]interface Ethernet 0/0/1
[AR2-Ethernet0/0/1]ip address 23.1.1.2 255.255.255.0
[Huawei]sysname AR3
[AR3]interface Ethernet 0/0/0
[AR3-Ethernet0/0/0]ip address 23.1.1.3 255.255.255.0
```

上面的配置全都已经在前面进行过了介绍，这里不再赘述。这里仅简单介绍一下各接口 IP 地址的编址方式。

我们在此将两台路由器 Ar*x* 和 AR*y*（*y*>*x*）之间的网络地址设置为 *xy*.1.1.0/24，而将这两台路由器与该网络直连接口的地址分别设置为 xy.1.1.x 和 xy.1.1.y。例如，AR1、AR2 之间的网络就是 12.1.1.0/24，AR1 连接该网络的接口地址为 12.1.1.1，而 AR2 连接该网络的接口地址则为 12.1.1.2。这种编址方式我们会在以后的实验环境中反复使用，并且会根据环境的不同进行一些扩展和变化。

2. 连通性测试

```
[AR2-Ethernet0/0/1]ping 12.1.1.1
```

```
  PING 12.1.1.1: 56    data bytes, press CTRL_C to break
    Reply from 12.1.1.1: bytes=56 Sequence=1 ttl=255 time=160 ms
    Reply from 12.1.1.1: bytes=56 Sequence=2 ttl=255 time=20 ms
    Reply from 12.1.1.1: bytes=56 Sequence=3 ttl=255 time=10 ms
    Reply from 12.1.1.1: bytes=56 Sequence=4 ttl=255 time=30 ms
    Reply from 12.1.1.1: bytes=56 Sequence=5 ttl=255 time=40 ms

  --- 12.1.1.1 ping statistics ---
    5 packet(s) transmitted
    5 packet(s) received
    0.00% packet loss
    round-trip min/avg/max = 10/52/160 ms
[AR2-Ethernet0/0/1]ping 23.1.1.3
  PING 23.1.1.3: 56    data bytes, press CTRL_C to break
    Reply from 23.1.1.3: bytes=56 Sequence=1 ttl=255 time=50 ms
    Reply from 23.1.1.3: bytes=56 Sequence=2 ttl=255 time=50 ms
    Reply from 23.1.1.3: bytes=56 Sequence=3 ttl=255 time=50 ms
    Reply from 23.1.1.3: bytes=56 Sequence=4 ttl=255 time=30 ms
    Reply from 23.1.1.3: bytes=56 Sequence=5 ttl=255 time=30 ms

  --- 23.1.1.3 ping statistics ---
    5 packet(s) transmitted
    5 packet(s) received
    0.00% packet loss
    round-trip min/avg/max = 30/42/50 ms
```

通过上面的测试，可以看到 AR2 可以 ping 通两条直连链路对端的接口。

```
[AR1-Ethernet0/0/0]ping 23.1.1.3
  PING 23.1.1.3: 56    data bytes, press CTRL_C to break
    Request time out
```

显然，在 AR1 上是 ping 不通 AR3 接口的，因为 AR1 与 23.1.1.0/24 这个网络并不直连，因此 AR1 不知道该如何处理目的地址为 23.1.1.0/24 的数据包，这也正是我们需要配置路由技术的理由。在下一个环节中，我们会通过配置静态路由来建立这个超小型网络两端的双向通信。

3．配置静态路由

```
[AR1]ip route-static 23.1.1.0 255.255.255.0 12.1.1.2
[AR3]ip route-static 12.1.1.0 255.255.255.0 23.1.1.2
```

这个环节显然是本次实验的核心。在华为路由器上配置静态路由条目的方法是进入系统视图，然后输入命令“**ip route-static** 目的网络目的掩码下一跳接口”。

对于 AR1 这台路由器，只有 23.1.1.0/24 这个网络不是直连的。换言之，在图 3-1 所示的拓扑中，只有这个网络是 AR1 不知道的，需要管理员进行配置。而 AR1 去往 23.1.1.0 的下一跳地址只能是路由器 AR2 与 AR1 直连的接口，也就是 12.1.1.2。同理，在拓扑中，AR3 这台路由器并不知道 12.1.1.0/24 这个网络，而它去往该网络的下一跳地址只能是 AR2 与 AR3 直连的接口，也就是 23.1.1.2。于是，也就有了环节 3 中的配置。

4. 静态路由测试

```
[AR1]ping 23.1.1.3
  PING 23.1.1.3: 56   data bytes, press CTRL_C to break
    Reply from 23.1.1.3: bytes=56 Sequence=1 ttl=254 time=80 ms
    Reply from 23.1.1.3: bytes=56 Sequence=2 ttl=254 time=70 ms
    Reply from 23.1.1.3: bytes=56 Sequence=3 ttl=254 time=60 ms
    Reply from 23.1.1.3: bytes=56 Sequence=4 ttl=254 time=40 ms
    Reply from 23.1.1.3: bytes=56 Sequence=5 ttl=254 time=50 ms

  --- 23.1.1.3 ping statistics ---
    5 packet(s) transmitted
    5 packet(s) received
    0.00% packet loss
    round-trip min/avg/max = 40/60/80 ms
```

当我们再次执行环节 2 中的第 2 项测试时，可以看到 AR1 已经可以 ping 通 23.1.1.3 这个地址了。

这里需要强调一点：尽管在环节 2 和环节 4 中，我们只在 AR1 上测试了 ping 23.1.1.3 这个地址的效果，并没有在 AR3 上测试 ping 12.1.1.1 的效果，但我们在环节 3 中还是同时为 AR1 和 AR3 配置了静态路由条目。这并不是因为作者有某种强迫症或者执着于对称美，纯粹是因为 ping 是一项双向通信测试。换言之，如果只在 AR1 上配置 ip route-static 23.1.1.0 255.255.255.0 12.1.1.2，而不为 AR3 指明 12.1.1.0/24 网络的方向，那么虽然 AR3 可以接收到 AR1 发来的数据包，但 AR3 不知道如何给网络 12.1.1.0/24 回复数据包，其结果是 AR1 仍然无法 ping 通 23.1.1.3 这个地址。这是一个相当重要的概念，强烈建议读者自行进行测试。

5. 查看路由表

```
[AR1]display ip routing
Route Flags: R - relay, D - download to fib
------------------------------------------------------------------------------
Routing Tables: Public
```

```
Destinations : 5        Routes : 5

Destination/Mask    Proto   Pre  Cost      Flags NextHop         Interface

      12.1.1.0/24   Direct  0    0           D   12.1.1.1        Ethernet0/0/0
      12.1.1.1/32   Direct  0    0           D   127.0.0.1       Ethernet0/0/0
      23.1.1.0/24   Static  60   0           RD  12.1.1.2        Ethernet0/0/0
     127.0.0.0/8    Direct  0    0           D   127.0.0.1       InLoopBack0
     127.0.0.1/32   Direct  0    0           D   127.0.0.1       InLoopBack0
```

查看之后，可以看到 AR1 上多了一条我们刚刚添加的路由，这个路由的协议（Proto）为静态（Static），下一跳（NextHop）为 12.1.1.2。其余的条目则全部为直连路由（Direct）。

此外，这条静态路由在 Pre 一行显示的数值为 60，这个值表示的是这条路由的优先级值，这个值也就是静态路由的默认优先级。关于优先级值的调整，我们会在下一个环节中进行介绍。

6．浮动静态路由的添加与删除

```
[AR1]ip route-static 23.1.1.0 255.255.255.0 12.1.1.2 preference 100
```

我们在本章的开篇已经暗示过一个概念，除了静态路由之外，路由器也可以通过动态路由的方式学习到路由条目。

那么，如果路由器通过不止一种方式学到了去往同一个网络的路由，以哪种方式为准呢？这就像自驾游，要从巴黎去布鲁塞尔，通过 Google 地图、纸质地图、行人指路都可以了解到去布鲁塞尔要走哪条路，但我们心中都有一把尺，会衡量出优先采用通过哪种方式了解到的路径。在华为网络领域，这种比较不同路由技术可靠水平的标准称为优先级（Preference）。

在配置静态路由时，可以调整某一条静态路由条目的优先级，通过这种方式让原本优先级极高的静态路由拥有一个比较低的优先级，只有当其他方式获得该路由的那种路由技术失效时，我们配置的这条低优先级静态路由才会“浮现”出来，因而称为浮动静态路由。

配置浮动静态路由的方法相当简单，在原本配置静态路由的命令后面增加关键字“**preference** 优先级”即可。在环节 6 中，我们将 AR1 上配置的静态路由条目优先级值修改为了 100。

最后，如果需要删除一条静态路由，在原本的命令前面加上 undo 即可，如下所示。

```
[AR1]undo ip route-static 23.1.1.0 255.255.255.0 12.1.1.2 preference 100
```

这个环节中两条命令的配置效果，读者务必自行参照环节 5 所示的方法分别进行观察。

3.2 实验二：RIP（路由信息协议）

3.2.1 背景介绍

通过动态路由协议，路由器之间可以通过通告和学习路由信息来了解如何向非直连网络发送数据。路由协议可以分为两类：距离矢量型路由协议和链路状态型路由协议。

路由信息协议（简称 RIP）属于典型的距离矢量型路由协议。这个协议同时也是最容易进行配置和调试的动态路由协议。在这个实验中，我们会介绍 RIP 协议的配置方法，以及一些 RIP 相关参数如何在华为路由器上实现。

3.2.2 实验目的

熟悉如何在华为设备上配置 RIP 协议、汇总 RIP 路由、执行明文认证及 MD5 认证、设置被动接口等；掌握 RIPv2 的配置，以及 RIPv2 汇总的配置、RIPv2 认证的配置、RIPv2 被动接口的配置；掌握 RIPv2 与 RIPv1 的兼容性配置。

3.2.3 实验拓扑

本实验会沿用图 3-1 所示的拓扑，这里不再进行复述。

3.2.4 实验环节

1. 基础配置

```
<Huawei>system-view
[Huawei]sysname AR1
[AR1]interface Ethernet 0/0/0
[AR1-Ethernet0/0/0]ip address 12.1.1.1 255.255.255.0
<Huawei>system-view
[Huawei]sysname AR2
[AR2]interface Ethernet 0/0/0
[AR2-Ethernet0/0/0]ip address 12.1.1.2 255.255.255.0
[AR2]interface Ethernet 0/0/1
[AR2-Ethernet0/0/1]ip address 12.1.1.2 255.255.255.0
```

```
[Huawei]sysname AR3
[AR3-Ethernet0/0/0]ip address 23.1.1.3 255.255.255.0
```

上面的配置和实验一中的第1个环节没有任何区别，不再进行解释。

2. 环回接口配置

```
[AR1]interface LoopBack 1
[AR1-LoopBack1]ip address 11.1.1.1 255.255.255.0
[AR2]interface LoopBack 1
[AR2-LoopBack1]ip address 22.1.1.1 255.255.255.0
[AR3]interface LoopBack 1
[AR3-LoopBack1]ip address 33.1.1.1 255.255.255.0
```

在这个环节中，我们为每台路由器配置了一个测试使用的虚拟环回接口，这些虚拟接口只与启用该接口的路由器直连，对于路由器AR*x*，这些接口的地址均为*xx*.1.1.1/24。

3. RIP的配置

```
[AR1]rip 1
[AR1-rip-1]version 2
[AR1-rip-1]undo summary
[AR1-rip-1]network 11.0.0.0
[AR1-rip-1]network 12.0.0.0
[AR2]rip 1
[AR2-rip-1]version 2
[AR2-rip-1]undo summary
[AR2-rip-1]network 12.0.0.0
[AR2-rip-1]network 22.0.0.0
[AR2-rip-1]network 23.0.0.0
[AR3]rip 1
[AR3-rip-1]version 2
[AR3-rip-1]undo summary
[AR3-rip-1]network 23.0.0.0
[AR3-rip-1]network 33.0.0.0
```

这个环节显然是本实验的关键，其核心目的是让路由器通过RIP协议通告所有自己直连的网络。

在系统视图下输入命令"**rip** 进程号"。顾名思义，这里的RIP协议进程号是用来区分本地路由器上不同的RIP进程的，使用不同的进程通告路由可以限制路由传递的区域。当然，RIP协议默认的进程号就是1，所以输入**rip**和**rip 1**其实没有区别。

下面说一说RIP协议视图下的配置：命令**version 2**的作用是为了指定这里使用的RIP版本（也就是版本2）；**undo summary**的目的是取消RIP协议的自动汇总；而后面的"**network**

网络地址”则是为了将各个路由器直连的网络通过 RIP 协议进行通告。

在完成这一环节的配置之后，每一台路由器都通过 RIP 通告了自己的直连网络。因此，在完成上述配置之后，每台路由器也就可以通过 RIP 协议学习到这个拓扑中所有网络的路由了。在下一个环节中，我们来验证前面所作的配置。

4. 查看路由表

```
[AR1]display ip routing
Route Flags: R - relay, D - download to fib
------------------------------------------------------------------------------
Routing Tables: Public
         Destinations : 9            Routes : 9

Destination/Mask    Proto   Pre  Cost      Flags NextHop         Interface

       11.1.1.0/24  Direct  0    0           D   11.1.1.1        LoopBack1
       11.1.1.1/32  Direct  0    0           D   127.0.0.1       LoopBack1
       12.1.1.0/24  Direct  0    0           D   12.1.1.1        Ethernet0/0/0
       12.1.1.1/32  Direct  0    0           D   127.0.0.1       Ethernet0/0/0
       22.1.1.0/24  RIP     100  1           D   12.1.1.2        Ethernet0/0/0
       23.1.1.0/24  RIP     100  1           D   12.1.1.2        Ethernet0/0/0
       33.1.1.0/24  RIP     100  2           D   12.1.1.2        Ethernet0/0/0
      127.0.0.0/8   Direct  0    0           D   127.0.0.1       InLoopBack0
      127.0.0.1/32  Direct  0    0           D   127.0.0.1       InLoopBack0
```

通过上面这个环节的输出信息可以看到，AR1 现在已经通过 RIP 协议学习到了三个非直连网络的路由，RIP 协议的优先级为 100。另外，22.1.1.0/24 和 23.1.1.0/24 这两个网络和 AR1 之间都隔了 1 跳（AR2），因此代价值（Cost）为 1；而 33.1.1.0/24 和 AR1 之间隔了 2 跳（AR2 和 AR3），因此代价值为 2。显然，所有这些网络都是通过 AR1 的 Ethernet0/0/0 学习到的，去往这些网络的下一跳地址也都是 12.1.1.2。下面我们通过 ping 工具来测试一下网络的连通性。

5. 测试连通性

```
[AR1]ping 33.1.1.1
  PING 33.1.1.1: 56  data bytes, press CTRL_C to break
    Reply from 33.1.1.1: bytes=56 Sequence=1 ttl=254 time=50 ms
    Reply from 33.1.1.1: bytes=56 Sequence=2 ttl=254 time=60 ms
    Reply from 33.1.1.1: bytes=56 Sequence=3 ttl=254 time=30 ms
    Reply from 33.1.1.1: bytes=56 Sequence=4 ttl=254 time=70 ms
    Reply from 33.1.1.1: bytes=56 Sequence=5 ttl=254 time=60 ms
```

如上所示，现在我们在 AR1 上已经可以顺利 ping 通 AR3 的虚拟环回接口了。

6. 添加子地址

```
[AR3]interface LoopBack1
[AR3-LoopBack1]ip address 33.1.2.1 255.255.255.0 sub
[AR3-LoopBack1]ip address 33.1.3.1 255.255.255.0 sub
```

为了说明汇总路由的问题，下面我们在路由器 AR3 的 LoopBack1 接口上再配置两个子地址，而且这两个地址都和 33.1.1.1 处于同一个主网络中。

```
[AR1]display ip routing protocol rip

Destination/Mask    Proto   Pre  Cost      Flags NextHop         Interface

        22.1.1.0/24  RIP     100  1           D   12.1.1.2        Ethernet0/0/0
        23.1.1.0/24  RIP     100  1           D   12.1.1.2        Ethernet0/0/0
        33.1.1.0/24  RIP     100  2           D   12.1.1.2        Ethernet0/0/0
        33.1.2.0/24  RIP     100  2           D   12.1.1.2        Ethernet0/0/0
        33.1.3.0/24  RIP     100  2           D   12.1.1.2        Ethernet0/0/0
```

我们在路由器 AR1 上通过命令 **display ip routing protocol rip** 查看 RIP 路由表时，会发现路由表中有 33.1.1.0/24、33.1.2.0/24 和 33.1.3.0/24 这三条独立的路由。下面我们通过对这三条路由执行汇总，让它们以一条路由的形式出现在 AR1 的路由表中。

7. 配置汇总 RIP 路由

对路由进行汇总有很多好处，其中之一是可以减小路由表中保存的路由条目，提升路由器匹配路由表的效率，其他好处这里不再一一列举。

```
[AR2]interface e0/0/0
[AR2-Ethernet0/0/0]rip summary-address 33.1.0.0 255.255.252.0
```

如上所示，RIP 汇总路由需要在接口视图下执行，命令为 **rip summary-address** 汇总路由汇总地址。在环节 7 中，我们在 AR2 的 e0/0/0 接口上对 RIP 路由执行了汇总，将 33.1.1.0/24、33.1.2.0/24 和 33.1.3.0/24 这三条路由汇总为一条 22 位掩码的路由，即 33.1.0.0/22。下面我们在 AR1 上验证上述配置的结果。

```
[AR1]display ip routing protocol rip

Destination/Mask    Proto   Pre  Cost      Flags NextHop         Interface

        22.1.1.0/24  RIP     100  1           D   12.1.1.2        Ethernet0/0/0
        23.1.1.0/24  RIP     100  1           D   12.1.1.2        Ethernet0/0/0
        33.1.0.0/22  RIP     100  2           D   12.1.1.2        Ethernet0/0/0
```

如上所示，在 AR1 上看到的路由已经成为上面配置的汇总路由。这说明我们前面所作的配置已经生效。

8. 配置 RIP 认证

配置 RIP 认证是为了防止未经授权的设备参与 RIP 协议的路由信息交换，使设备只和通过认证的设备通过 RIP 协议来交换路由信息。在这个环节中，我们会介绍如何配置 RIP 认证。

```
[AR1]interface Ethernet 0/0/0
[AR1-Ethernet0/0/0]rip authentication-mode simple yeslab
```

如上所示，我们已经在 AR1 的 E0/0/0 接口上配置了明文 RIP 认证。配置明文 RIP 认证的命令为“**rip authentication-mode simple** 认证密码”。

此时，E0/0/0 链路对端的 AR2 E0/0/0 接口并没有相应地配置明文 RIP 认证，因此可以推断出，AR1 已经无法与 AR2 通过 RIP 协议交换路由信息了，下面我们来进行认证。

```
[AR1]display ip routing-table protocol rip
```

可以看到，此时 AR1 上已经没有了任何 RIP 路由。

注释：

如果此时还能看到 RIP 路由，读者可以稍等片刻再进行查看。或者 shutdown undo shutdown R1 和 R2 之间的接口，让配置即刻生效。

下面我们再到 AR2 上进行查看。

```
[AR2]display ip routing-table protocol rip

Destination/Mask    Proto   Pre  Cost      Flags NextHop         Interface

      33.1.1.0/24   RIP     100  1           D   23.1.1.3        Ethernet0/0/1
      33.1.2.0/24   RIP     100  1           D   23.1.1.3        Ethernet0/0/1
      33.1.3.0/24   RIP     100  1           D   23.1.1.3        Ethernet0/0/1
```

由上可见，AR2 上面也看不到 AR1 的路由信息了（11.1.1.0/24）。

下面我们在 AR2 的 E0/0/0 接口上配置明文 RIP 认证，然后再进行验证。

```
[AR2]interface Ethernet 0/0/0
[AR2-Ethernet0/0/0]rip authentication-mode simple yeslab
```

配置完成，下面我们验证之前“失联”的路由是否已经失而复得。

```
<AR1>display ip routing protocol rip

Destination/Mask    Proto   Pre  Cost      Flags NextHop         Interface

      22.1.1.0/24   RIP     100  1           D   12.1.1.2        Ethernet0/0/0
```

```
        23.1.1.0/24   RIP    100   1        D   12.1.1.2        Ethernet0/0/0
        33.1.0.0/22   RIP    100   2        D   12.1.1.2        Ethernet0/0/0
```

如上所示，现在我们又重新可以在 AR1 上看到所有的 RIP 路由了。

下面我们在 AR2 和 AR3 之前的链路上演示如何配置 RIP 的 md5 认证。

```
[AR2]interface Ethernet 0/0/1
[AR2-Ethernet0/0/1]rip authentication-mode md5 usual yeslab
```

配置 md5 的 RIP 认证只需要将明文 RIP 认证命令中的关键字由 simple 换为 md5 usual 即可。完成上述配置之后，我们在这台路由器上查看一下路由表。

```
[AR2]display ip routing-table protocol rip

        11.1.1.0/24   RIP    100   1        D   12.1.1.1        Ethernet0/0/0
```

根据输出信息所示，我们现在在 AR2 上已经看不到任何有关 AR3 的 RIP 路由了。下面在 AR3 上配置相同的 md5 RIP 认证，然后再次进行查看。

```
[AR3]interface Ethernet 0/0/0
[AR3-Ethernet0/0/0]rip authentication-mode md5 usual yeslab

[AR2]display ip routing-table protocol rip

Destination/Mask      Proto   Pre  Cost      Flags NextHop          Interface

        11.1.1.0/24   RIP    100   1        D   12.1.1.1        Ethernet0/0/0
        33.1.1.0/24   RIP    100   1        D   23.1.1.3        Ethernet0/0/1
        33.1.2.0/24   RIP    100   1        D   23.1.1.3        Ethernet0/0/1
        33.1.3.0/24   RIP    100   1        D   23.1.1.3        Ethernet0/0/1
```

上面的信息表明，AR2 上又重新通过 RIP 学到了来自 AR3 的路由信息。

9. 配置 RIP 被动接口

被动接口是指让一些参与 RIP 协议的接口进入“沉默”状态，只默默接收对方发送过来的路由，但对自己所知的路由闭口不谈。这种特性的配置方法如下。

```
[AR2]rip 1
[AR2-rip-1]silent-interface Ethernet 0/0/0
```

这种特性的配置方式是，进入相应的 RIP 进程，在该 RIP 进程的路由协议视图下输入 **silent-interface** 接口编号。在上面的示例中，我们通过配置，让 AR2 与 AR1 相连的 E0/0/0 接口成为一个“只听不说”的接口，下面我们对配置的效果进行验证。

```
<AR1>display ip routing protocol rip
```

上面的显示信息与我们的预期完全相符：由于与 AR1 相连的接口不再通过 RIP 向外发布路由信息，因此 AR1 的路由表中也就不会学到任何 RIP 路由。

```
[AR2]display ip routing protocol rip

Destination/Mask      Proto   Pre  Cost       Flags NextHop          Interface

        11.1.1.0/24   RIP     100  1            D   12.1.1.1          Ethernet0/0/0
        33.1.1.0/24   RIP     100  1            D   23.1.1.3          Ethernet0/0/1
        33.1.2.0/24   RIP     100  1            D   23.1.1.3          Ethernet0/0/1
        33.1.3.0/24   RIP     100  1            D   23.1.1.3          Ethernet0/0/1
```

上述信息表示，AR2 接收功能一切正常，因为 AR2 确实从 AR1 那里学习到了其虚拟环回接口的网络地址。

10. RIPv2 和 RIPv1 的兼容性配置

RIPv1 的使用现在已经少之又少，但在默认情况下，RIPv1 和 RIPv2 并不相互兼容。换言之，运行 RIPv1 的路由器默认无法和运行 RIPv2 的路由器通过 RIP 协议相互交换路由信息。下面我们先把一台路由器切换为 RIPv1 协议来验证上述结论。

```
[AR3]rip 1
[AR3-rip-1]version 1
```

将 RIP 协议切换为 RIPv1 的命令是进入相应的 RIP 进程，并且在 RIP 协议配置视图下输入命令 **version 1**。

在 AR3 上完成上述配置之后，可以在其他路由器上查看它们是否还能够学到 AR3 通告的路由。

```
[AR2]display ip routing protocol rip

Destination/Mask      Proto   Pre  Cost       Flags NextHop          Interface

        11.1.1.0/24   RIP     100  1            D   12.1.1.1          Ethernet0/0/0
```

如上所示，AR2 上只学到了 AR1 通过 RIP 协议通告过来的路由。这说明 AR1、AR2 上运行的 RIPv2 无法与 AR3 上运行的 RIPv1 协议兼容并相互交换路由协议。因此，几乎可以肯定 AR3 上无法看到任何 RIP 路由条目，如下：

```
[AR3]display ip routing protocol rip
```

为了让 AR2 可以兼容 RIPv1，我们需要在 AR2 与 AR3 相连的接口上，执行 RIP 的兼容性配置。

```
[AR2]interface Ethernet 0/0/1
[AR2-Ethernet0/0/1]rip version 1
```

如上所示，我们在 AR2 与 AR3 相连的 E0/0/1 接口的接口视图上配置了命令 **rip version 1**，这条命令的作用就是让 AR2 的 E0/0/1 接口在通告和接收 RIP 路由时，能够兼容 RIPv1 协议。

下面我们再次在两端的设备上查看 RIP 路由，以此检查配置的效果。

```
[AR2]display ip routing protocol rip

Destination/Mask    Proto   Pre  Cost      Flags NextHop         Interface

      11.1.1.0/24   RIP     100  1           D   12.1.1.1        Ethernet0/0/0
      33.0.0.0/8    RIP     100  1           D   23.1.1.3        Ethernet0/0/1
```

显然，AR2 上学到了 AR3 通告的路由。但这条通过 AR3 学到的路由是主类网络的路由，这是因为 RIPv1 是有类路由协议，传递的是主类网络的路由信息。由此，读者可以对 AR3 上会看到什么样的 RIP 路由条目作出预判。

```
<AR3>display ip routing protocol rip

Destination/Mask    Proto   Pre  Cost      Flags NextHop         Interface

      11.0.0.0/8    RIP     100  2           D   23.1.1.2        Ethernet0/0/0
      12.0.0.0/8    RIP     100  1           D   23.1.1.2        Ethernet0/0/0
      22.0.0.0/8    RIP     100  1           D   23.1.1.2        Ethernet0/0/0
```

如上所示，AR3 上看到的路由信息全都是主类路由，其中的道理已经不言自明。

3.3　实验三：OSPF（开放式最短路径优先协议）

3.3.1　背景介绍

OSPF 协议属于链路状态型路由协议，使用这个协议的设备之间会相互分享链路状态信息，每台设备会分别根据自己接收到的链路状态信息，以自己为根，独立计算去往各个网络的路由，因此可以规避依据传言获取路由的不合理做法，让数据的转发路径更加合理。

OSPF 在大型网络中需要将网络划分为多个区域，通过在区域内和区域间通告不同类型链路状态信息的方式，减少网络中传输的管理信息。在 OSPF 实验中，我们不仅会介绍在华为路由器上配置 OSPF 协议的命令，还会演示实现某些 OSPF 特性的流程与方法。

3.3.2　实验目的

掌握单区域 OSPF 的配置方法；掌握 OSPF 区域认证的配置方法；掌握对 OSPF 接口

代价值进行修改的方法；掌握 OSPF 中被动接口的配置方法；掌握使用命令 **display** 查看 OSPF 各种状态的方法。

3.3.3　实验拓扑

本实验会继续沿用图 3-1 所示的拓扑。

3.3.4　实验环节

1．基础配置

```
<Huawei>system-view
[Huawei]sysname AR1
[AR1]interface Ethernet 0/0/0
[AR1-Ethernet0/0/0]ip address 12.1.1.1 255.255.255.0
<Huawei>system-view
[Huawei]sysname AR2
[AR2]interface Ethernet 0/0/0
[AR2-Ethernet0/0/0]ip address 12.1.1.2 255.255.255.0
[AR2]interface Ethernet 0/0/1
[AR2-Ethernet0/0/1]ip address 23.1.1.2 255.255.255.0
[Huawei]sysname AR3
[AR3]interface Ethernet 0/0/0
[AR3-Ethernet0/0/0]ip address 23.1.1.3 255.255.255.0
[AR1]interface LoopBack 1
[AR1-LoopBack1]ip address 11.1.1.1 255.255.255.0
[AR2]interface LoopBack 1
[AR2-LoopBack1]ip address 22.1.1.1 255.255.255.0
[AR3]interface LoopBack 1
[AR3-LoopBack1]ip address 33.1.1.1 255.255.255.0
```

基础配置环节的内容与 RIP 实验的环节 1 与环节 2 相同，这里不加解释。

2．单区域 OSPF 与 OSPF 认证的配置

在本环节中，我们首先完成单区域的 OSPF 认证，即将所有（三台）设备的所有接口均配置在 OSPF 区域 0 当中。

```
[AR1]ospf 1 router-id 11.1.1.1
[AR1-ospf-1]area 0
```

```
[AR1-ospf-1-area-0.0.0.0]network 12.1.1.1 0.0.0.0
[AR1-ospf-1-area-0.0.0.0]network 11.1.1.1 0.0.0.0
[AR1-ospf-1-area-0.0.0.0]authentication-mode md5 1 cipher yeslab
```

配置 OSPF 需要首先使用命令“**ospf** 进程号”进入 OSPF 配置视图，管理员也可以在这条命令后面通过关键字“**router-id** 路由器 ID”来添加设备的路由器 ID。

在前文中我们介绍过：OSPF 有区域概念。在华为路由器上，当我们要在路由器上指明要通过 OSPF 协议通告哪个网络的路由信息之前，需要首先进入该网络所在区域的视图中。如上所示，我们在 OSPF 配置视图中通过命令 area 0 进入到了 OSPF 1 区域 0 的配置视图中。

在进入了区域 0 的配置视图之后，可以使用命令“**network** 网络地址反掩码”来指明要通过 OSPF 进行通告的网络地址。反掩码也译为通配符，就是将正常的子网掩码取反，所得的点分十进制数。在上面的示例中，我们通过命令 **network** 宣告了 12.1.1.1 和 11.1.1.1 这两个主机地址。之所以是主机地址，因为我们使用的反掩码为全 0 位，即等同于 32 位的子网掩码。

最后一条命令的作用是在区域 0 中设置 OSPF 协议的认证，即采用 md5 的方式对区域 0 中的其他 OSPF 路由器进行验证，验证码为 yeslab。

除了具体的 router-id 和在区域 0 中宣告的地址之外，在 AR2、AR3 上所作的相应配置并没有任何区别。

```
[AR2]ospf 1 router-id 22.1.1.1
[AR2-ospf-1]area 0
[AR2-ospf-1-area-0.0.0.0]network 12.1.1.2 0.0.0.0
[AR2-ospf-1-area-0.0.0.0]network 23.1.1.2 0.0.0.0
[AR2-ospf-1-area-0.0.0.0]network 22.1.1.1 0.0.0.0
[AR2-ospf-1-area-0.0.0.0]authentication-mode md5 1 cipher yeslab

[AR3]ospf 1 router-id 33.1.1.1
[AR3-ospf-1-area-0.0.0.0]network 33.1.1.1 0.0.0.0
[AR3-ospf-1-area-0.0.0.0]network 23.1.1.3 0.0.0.0
[AR3-ospf-1-area-0.0.0.0]authentication-mode md5 1 cipher yeslab
```

3. 验证 OSPF

在完成配置后，我们来查看一下各个路由器的路由表。

显然，在查看路由器上通过 OSPF 学习的路由条目时，需要把之前 **display ip routing protocol rip** 这条命令中的 rip 换成 ospf。

```
[AR1]display ip routing protocol ospf

Destination/Mask    Proto   Pre  Cost      Flags NextHop         Interface
```

```
    22.1.1.1/32   OSPF    10   1          D   12.1.1.2        Ethernet0/0/0
    23.1.1.0/24   OSPF    10   2          D   12.1.1.2        Ethernet0/0/0
    33.1.1.1/32   OSPF    10   2          D   12.1.1.2        Ethernet0/0/0
```

```
[AR2]display ip routing protocol ospf

Destination/Mask    Proto   Pre  Cost      Flags NextHop         Interface

  11.1.1.1/32   OSPF    10   1          D   12.1.1.1        Ethernet0/0/0
  33.1.1.1/32   OSPF    10   1          D   23.1.1.3        Ethernet0/0/1
```

```
[AR3]display ip routing protocol ospf

Destination/Mask    Proto   Pre  Cost      Flags NextHop         Interface

  11.1.1.1/32   OSPF    10   2          D   23.1.1.2        Ethernet0/0/0
  12.1.1.0/24   OSPF    10   2          D   23.1.1.2        Ethernet0/0/0
  22.1.1.1/32   OSPF    10   1          D   23.1.1.2        Ethernet0/0/0
```

根据上面的信息，我们可以清晰地看到各台路由器都已经学习到了整个网络中非直连网络的路由。

此外，管理员也可以通过命令 **display ospf brief** 来查看一些与 OSPF 相关的具体信息。

```
[AR1]display ospf brief
————省略一部分显示————
 Area: 0.0.0.0              (MPLS TE not enabled)
 Authtype: MD5     Area flag: Normal
 SPF scheduled Count: 8
 ExChange/Loading Neighbors: 0
 Router ID conflict state: Normal
 Interface: 12.1.1.1 (Ethernet0/0/0)
 Cost: 1          State: DR           Type: Broadcast      MTU: 1500
 Priority: 1
 Designated Router: 12.1.1.1
 Backup Designated Router: 12.1.1.2
 Timers: Hello 10 , Dead 40 , Poll    120 , Retransmit 5 , Transmit Delay 1

 Interface: 11.1.1.1 (LoopBack1)
 Cost: 0          State: P-2-P        Type: P2P           MTU: 1500
```

```
Timers: Hello 10 , Dead 40 , Poll   120 , Retransmit 5 , Transmit Delay 1
```

如上所述，通过这条命令，我们可以看到区域 0 的认证类型，OSPF 协议参与接口的代价（Cost）、状态（State）、类型（Type）、MTU、优先级（Priority）等。还可以查看到这个广播网络中的 DR、BDR。

在配置 OSPF 的过程中，还有一条更加常用的命令，其作用是查看 OSPF 的邻居关系，这条命令是 **display ospf peer brief**。

```
[AR1]display ospf peer brief
          OSPF Process 1 with Router ID 11.1.1.1
                    Peer Statistic Information
 ----------------------------------------------------------------------------
 Area Id          Interface                       Neighbor id       State
 0.0.0.0          Ethernet0/0/0                   22.1.1.1          Full
 ----------------------------------------------------------------------------
```

熟悉 OSPF 原理的读者应该清楚，OSPF 邻居状态对于判断 OSPF 的问题十分重要。因此，不了解 OSPF 状态机的读者应当通过阅读相关图书或者报名参加华为或思科的培训课程来了解 OSPF 邻居状态机，或者通过搜索引擎学习和查找有关 OSPF 邻居状态机的知识。

在本例中，AR1 与邻居 22.1.1.1（也就是 AR2）之间的邻居状态已经达到了 FULL（完全连接）的状态（State），而这种状态说明这两台设备之间会交换 LSA 信息。

注释：

所谓 LSA，也就是路由器通告给其他 OSPF 路由器的链路状态信息。我们在背景介绍中说过，对于链路状态型路由协议，路由器会根据其他路由器通告的链路状态信息，独立计算去往各个网络的路由。

在验证 OSPF 的配置时，管理员有时会需要查看保存 LSA 信息的链路状态数据库（LSDB）。查看 LSDB 的命令是 **display ospf lsdb**。

```
[AR1]display ospf lsdb
          OSPF Process 1 with Router ID 11.1.1.1
                  Link State Database
                          Area: 0.0.0.0
 Type       LinkState ID    AdvRouter          Age  Len    Sequence   Metric
 Router     33.1.1.1        33.1.1.1           668  48     80000004     0
 Router     22.1.1.1        22.1.1.1           668  60     80000009     1
 Router     11.1.1.1        11.1.1.1           726  48     80000006     1
 Network    23.1.1.2        22.1.1.1           668  32     80000001     0
 Network    12.1.1.1        11.1.1.1           726  32     80000001     0
```

在类型（Type）一列，LSDB 中会记录每一条 LSA 的类型。如上所示，在 AR1 的 LSDB

中，我们可以看到路由器（Router）LSA 和网络（Network）LSA。关于各类 LSA 的具体介绍，读者可以通过阅读相关图书或者报名参加华为或思科的培训课程来进一步进行了解，或者通过搜索引擎学习和查找有关 LSA 类型的知识。

4．调整接口的开销值

开销值，在有些图书里也叫作代价值。当有多条路径可以去往同一个目的地时，路由协议必须判断哪条路径是去往那个目的地址的最佳路径，而不同路径的优劣取决于开销值的大小。

每种路由协议都有自己的判断开销值大小的指导原则，比如我们在前面介绍过的 RIP 协议，它的开销值等同于与该目的网络之间间隔的跳数，这一点我们此前已经介绍过了。

具体到 OSPF 协议，管理员可以通过修改接口的开销值，来影响 OSPF 协议对于路径的选择。修改接口 OSPF 开销值需要在接口配置视图下完成，命令为“**ospf cost** 开销值”。例如，环回接口默认开销值为 0，我们可以将环回接口的开销值修改为 99，再通过上面的命令来观察修改前后的变化。在下面的配置中，我们把 AR2 环回接口的开销值修改为了 99。

```
[AR2]interface LoopBack 1
[AR2-LoopBack1]ospf cost 99
```

修改之后，当我们再次在 AR1 上查看去往 AR2 环回接口所在网络的路由时，会发现它的开销值与环节 3 中显示的开销值出现了明显变化。

```
[AR1]display ip routing protocol ospf
Destination/Mask     Proto   Pre  Cost       Flags NextHop          Interface
22.1.1.1/32    OSPF    10   100          D    12.1.1.2          Ethernet0/0/0
23.1.1.0/24    OSPF    10    2           D    12.1.1.2          Ethernet0/0/0
33.1.1.1/32    OSPF    10    2           D    12.1.1.2          Ethernet0/0/0
```

由于我们把环回接口的开销值增加了 99（由 0 修改为 99），因此从 AR1 去往网络 22.1.1.0/24 的开销也相应地由 1 增加为 100。由于开销越高，代表这条路由越差，因此这样修改的结果是让 AR1（当然也包括 AR3 和 AR2 自己）认为，自己向 22.1.1.1/32 转发数据的这条路由变得不可用了。当然，考虑到去往 22.1.1.1/32 只有自古华山一条路，因此 AR1 依旧选择了这条开销值为 100 的路由作为去往该地址的路由。

5．配置 OSPF 被动接口

被动接口的概念本书已经在 RIP 中进行过介绍了，而且也提供了配置 RIP 被动接口的演示实验。

OSPF 被动接口的配置方法和 RIP 差距不大，都是进入路由协议配置视图，通过命令“**silent-interface** 被动接口编号”进行配置，但 OSPF 被动接口的工作方式却与 RIP 被动接口存在明显区别。OSPF 的被动接口不是只听不说，而是既不听也不说。一个配置为 OSPF 被动接口的接口不会和对端建立邻居关系，因此也不会学习到路由。

```
[AR1]ospf 1
[AR1-ospf-1]silent-interface Ethernet 0/0/0
[AR1]display ospf peer
```

如上所示，在将 Ethernet0/0/0 配置为 OSPF 被动接口之后，AR1 这台路由器已经没有了 OSPF 邻居。

下面我们恢复接口 Ethernet 0/0/0 转而将 AR1 的环回接口配置为被动接口，然后上其他路由器上看一看效果。

```
[AR1-ospf-1]undo silent-interface Ethernet 0/0/0
[AR1-ospf-1]silent-interface LoopBack 1
```

取消配置是在原来的配置前面添加关键字 undo，这一点是不会有任何变化的。下面我们在 AR2 上观察将 AR1 的环回接口 LoopBack 1 配置为被动接口之后的效果。

```
[AR2]display ip routing protocol ospf
Destination/Mask    Proto   Pre  Cost      Flags NextHop        Interface

    11.1.1.1/32   OSPF    10    1          D    12.1.1.1       Ethernet0/0/0
    33.1.1.1/32   OSPF    10    1          D    23.1.1.3       Ethernet0/0/1
```

如上所示，虽然 AR1 的 Loopback 1 被配置为了被动接口，使这个接口无法建立邻居关系，更无法与邻居交换 LSA，但将一个接口配置为被动接口却完全不会影响其他接口将去往那个被动接口的路由通告给自己的邻居设备。在上面的输出信息中，我们可以看到，AR1 将（配置为被动接口的）LoopBack 1 的路由通过 Ethernet 0/0/0 接口（12.1.1.1）通告给了 AR2。被动接口经常被配置在连接终端设备的接口上。

6. 多区域 OSPF 的配置

从这个环节开始，我们会开始介绍多区域 OSPF 的配置方法。因此，我们需要简单修改一直沿用的实验拓扑，引入一个 4 路由器的网络环境。新的拓扑如图 3-2 所示。

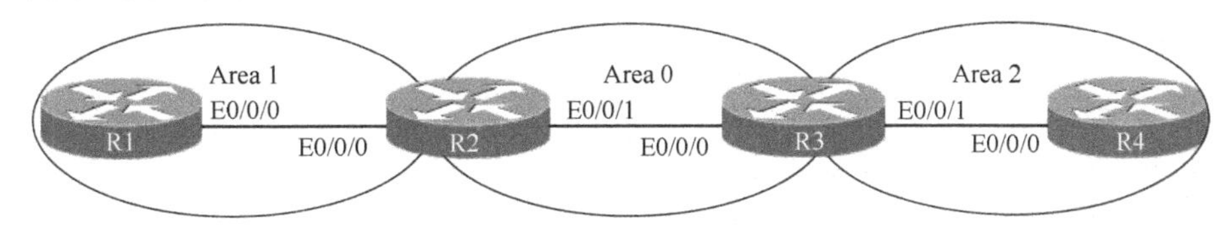

图 3-2 多区域 OSPF 的拓扑

尽管使用拓扑不同，但上述拓扑中采用的接口地址依旧沿用静态路由实验中环节 1 介绍的编址方法。每台路由器均启用一个环回接口，（路由器 R*x*）地址为 *xx*.1.1.1/32，这些环回接口的地址也会充当 OSPF 协议的路由器 ID（router-id），这些均与前 5 个环节没有区别。

由于我们先前已经反复演示了这类环境的基础配置，这里不再进行演示说明，直接从与 OSPF 相关的配置开始介绍。

```
[R1]ospf 1 router-id 11.1.1.1
[R1-ospf-1]area 1
[R1-ospf-1-area-0.0.0.1]network 11.1.1.1 0.0.0.0
[R1-ospf-1-area-0.0.0.1]network 12.1.1.1 0.0.0.0
```

如上所示，R1 的 OSPF 配置与环节 2 中的配置最大的区别在于，我们把两个直连接口宣告在了区域 1 而不是区域 0 中，这是和图 3-2 所示的拓扑相吻合。

```
[R2]ospf 1 router-id 22.1.1.1
[R2-ospf-1]area 0
[R2-ospf-1-area-0.0.0.0]network 23.1.1.2    0.0.0.0
[R2-ospf-1-area-0.0.0.0]quit
[R2-ospf-1]area 1
[R2-ospf-1-area-0.0.0.1]network 12.1.1.2    0.0.0.0
[R2-ospf-1-area-0.0.0.1]network 22.1.1.1    0.0.0.0
```

由于 R2 的接口处于不同的区域中，因此我们在区域 0 和区域 1 中分别宣告了相应的接口。

注意，在这个实验中，我们将 R2 的环回接口宣告在了与 E0/0/0 相连的区域 1 中。

```
[R3]ospf 1 router-id 33.1.1.1
[R3-ospf-1]area 0
[R3-ospf-1-area-0.0.0.0]network 23.1.1.3 0.0.0.0
[R3-ospf-1-area-0.0.0.0]quit
[R3-ospf-1]area 2
[R3-ospf-1-area-0.0.0.2]network 34.1.1.3 0.0.0.0
[R3-ospf-1-area-0.0.0.2]network 33.1.1.1 0.0.0.0
```

R3 的配置逻辑和 R2 如出一辙。当然，读者也要注意：我们将 R3 的环回接口宣告在了区域 2 中。

```
[R4]ospf 1 router-id 44.1.1.1
[R4-ospf-1]area 2
[R4-ospf-1-area-0.0.0.2]network 34.1.1.4 0.0.0.0
[R4-ospf-1-area-0.0.0.2]network 44.1.1.1 0.0.0.0
```

R4 所有的接口都位于区域 2 中，因此配置逻辑类似于路由器 R1。

在完成上述配置之后，我们来查看一下 R1 上的路由表。

```
[R1]display ip routing protocol ospf
Destination/Mask    Proto   Pre  Cost      Flags NextHop         Interface

      22.1.1.1/32   OSPF    10    1          D   12.1.1.2        Ethernet0/0/0
      23.1.1.0/24   OSPF    10    2          D   12.1.1.2        Ethernet0/0/0
      33.1.1.1/32   OSPF    10    2          D   12.1.1.2        Ethernet0/0/0
      34.1.1.0/24   OSPF    10    3          D   12.1.1.2        Ethernet0/0/0
```

```
    44.1.1.1/32        OSPF      10       3              D   12.1.1.2            Ethernet0/0/0
```

可以看到，R1 已经学到了所有区域的路由。下面我们查看一下路由器的 LSDB。

```
[R1]display ospf lsdb
                              Area: 0.0.0.1
 Type          LinkState ID     AdvRouter          Age   Len    Sequence     Metric
 Router        22.1.1.1         22.1.1.1           639   48     80000004         1
 Router        11.1.1.1         11.1.1.1           640   48     80000006         1
 Network       12.1.1.1         11.1.1.1           640   32     80000002         0
 Sum-Net       44.1.1.1         22.1.1.1           548   28     80000001         2
 Sum-Net       23.1.1.0         22.1.1.1           651   28     80000001         1
 Sum-Net       34.1.1.0         22.1.1.1           599   28     80000001         2
 Sum-Net       33.1.1.1         22.1.1.1           586   28     80000001         1
```

由于我们采用了多区域的 OSPF 拓扑，因此我们可以在 LSDB 中看到三类的 LSA：新增了描述区域间路由的 Sum-Net（区域汇总）LSA。

7. 修改 OSPF 的参考带宽值

OSPF 开销值是由带宽决定的。因此，除了直接修改开销值之外，修改带宽也会响路由条目的开销值。

在实际网络中，我们可能使用了千兆甚至万兆以太网。但是由于 OSPF 的默认参考带宽值为 100 Mbps，并且接口开销值仅为整数，所以 OSPF 无法在带宽上区分百兆以太网和千兆及以上的以太网。这时，通过 OSPF 协议视图的“**bandwidth-reference** 参考带宽值”命令来修改参考带宽值就可以修补这个缺陷。

具体做法如下：

```
[R1-ospf-1]bandwidth-reference 1000
Info: Reference bandwidth is changed. Please ensure that the reference bandwidth that is configured for all the
routers are the same.
```

在通过上述命令将参考带宽值修改为 1 000 之后，可以看到系统弹出了一句提示信息，大意为：参考带宽已被修改，请确保所有路由器上的参考带宽都配置为了相同的数值。

下面我们在 R1 上查看路由表，会发现各路由条目的开销值（Cost）已经发生了变化。

```
[R1-ospf-1]display ip   routing protocol ospf
Destination/Mask      Proto    Pre   Cost        Flags NextHop          Interface
22.1.1.1/32           OSPF     10    10              D   12.1.1.2        Ethernet0/0/0
 23.1.1.0/24          OSPF     10    11              D   12.1.1.2        Ethernet0/0/0
 33.1.1.1/32          OSPF     10    11              D   12.1.1.2        Ethernet0/0/0
 34.1.1.0/24          OSPF     10    12              D   12.1.1.2        Ethernet0/0/0
 44.1.1.1/32          OSPF     10    12              D   12.1.1.2        Ethernet0/0/0
```

上面的输出信息显示，各路由的开销值都增大了。这是因为在将参考带宽由 100 Mbps

修改为 1 000 Mbps 之后，OSPF 在计算开销值时，不再会用 10 的 8 次方去除以接口带宽，而是用 10 的 9 次方去做除法，所以接口带宽值也就加大了 10 倍。因此，当要适应更高带宽的网络时，就要把参考带宽加大，但是一定要在所有路由器上都进行相同的修改，否则就会出现次优路由的问题。

8. 导入外部路由（重分布）

在配置时，我们可能需要将一些非 OSPF 路由（路由器通过其他方式获取到的路由）导入到 OSPF 中。下面我们来简要介绍相关的配置方法。

为了简便起见，我们会采用将直连路由导入 OSPF 中的做法，而不再采用其他的动态路由协议。

```
[R4]interface LoopBack 0
[R4-LoopBack0]ip address 44.1.0.1 255.255.255.0 sub
[R4-LoopBack0]ip address 44.1.2.1 255.255.255.0 sub
[R4-LoopBack0]ip address 44.1.3.1 255.255.255.0 sub
```

如上所示，我们在路由器 R4 上创建了 3 条新的直连路由。下面我们来把这 3 个并没有宣告进 OSPF 协议里的直连路由导入 OSPF 协议中，然后再去其他路由器上查看路由表中是否通过 OSPF 学习到了这些路由。

向 OSPF 协议中导入外部路由需要首先进入 OSPF 路由协议配置视图，然后使用命令“**import-route** 要导入的路由类型”命令向 OSPF 中导入路由。

```
[R4-ospf-1]import-route ?
  bgp      Border Gateway Protocol (BGP) routes
  direct   Connected routes
  isis     Intermediate System to Intermediate System (IS-IS) routes
  limit    Limit the number of routes imported into OSPF
  ospf     Open Shortest Path First (OSPF) routes
  rip      Routing Information Protocol (RIP) routes
  static   Static routes
  unr      User Network Routes
```

如上所示，命令 **import-route** 可以将很多类新型的路由导入 OSPF 协议中。在本例中，由于我们需要将 R4 的直连路由导入到 OSPF 中，因此应该使用命令 **import-route direct** 来达到这一目的。

```
[R4-ospf-1]import-route direct
```

下面我们到 R1 上查看是否通过 OSPF 学到了这几条路由。

```
[R1-ospf-1]display ip routing protocol ospf
Destination/Mask    Proto   Pre  Cost      Flags NextHop         Interface
  22.1.1.1/32   OSPF    10   10          D    12.1.1.2        Ethernet0/0/0
  23.1.1.0/24   OSPF    10   11          D    12.1.1.2        Ethernet0/0/0
```

```
33.1.1.1/32   OSPF     10    11    D   12.1.1.2    Ethernet0/0/0
34.1.1.0/24   OSPF     10    12    D   12.1.1.2    Ethernet0/0/0
44.1.0.0/24   O_ASE    150   1     D   12.1.1.2    Ethernet0/0/0
44.1.1.0/24   O_ASE    150   1     D   12.1.1.2    Ethernet0/0/0
44.1.1.1/32   OSPF     10    12    D   12.1.1.2    Ethernet0/0/0
44.1.2.0/24   O_ASE    150   1     D   12.1.1.2    Ethernet0/0/0
44.1.3.0/24   O_ASE    150   1     D   12.1.1.2    Ethernet0/0/0
```

如上所示，阴影部分的4条优先级（Pre）为150的O_ASE路由就是在R4上重分布到OSPF中的路由，而R1也确实通过OSPF顺利学到了这些路由。

9．汇总OSPF路由

对路由进行汇总当然不是OSPF的专利，我们在之前的RIP部分已经介绍过路由汇总的实现方式。但OSPF汇总路由毕竟和RIP汇总路由存在诸多不同，下面我们通过实验来演示如何配置OSPF汇总路由。

配置汇总路由之前，我们同样采取子地址的方式来生成要被汇总的路由。这一次，我们在R3的LoopBack 0上配置一些子地址，并且把它们宣告到OSPF区域2中。

```
[R3]interface LoopBack 0
[R3-LoopBack0]ip address 33.1.2.1 255.255.255.0 sub
[R3-LoopBack0]ip address 33.1.0.1 255.255.255.0 sub
[R3-LoopBack0]ip address 33.1.3.1 255.255.255.0 sub
[R3-LoopBack0]ospf enable 1 area 2
```

如上所示，我们在LoopBack 0上配置了3个子地址，并且直接在接口视图中通过命令"**ospf enable** 进程号 **area** 区域号"将LoopBack接口宣告到了OSPF区域2中。

> **注释：**
> 在接口视图中配置协议宣告是通过路由协议宣告网络的另一种做法。

我们接下来的工作是对这些地址进行汇总。汇总OSPF地址需要首先进入OSPF路由协议配置视图，然后再进入相应区域的配置视图，并在OSPF区域配置视图中使用命令"**abr-summary** 汇总后地址汇总后掩码"来完成配置。

> **注释：**
> 因为R3有不同的接口分别处于区域0和非0区域中，因此R3在OSPF术语体系中称为ABR（区域边界）路由器，这就是上述配置命令中abr的含义。

```
[R3]ospf 1
[R3-ospf-1]area 2
[R3-ospf-1-area-0.0.0.2]abr-summary 33.1.0.0 255.255.252.0
```

在完成配置后，我们到另一台路由器上查看汇总路由的配置结果。

```
[R1]display ip routing protocol ospf
Destination/Mask    Proto    Pre   Cost        Flags NextHop        Interface
22.1.1.1/32    OSPF     10    10             D     12.1.1.2       Ethernet0/0/0
23.1.1.0/24    OSPF     10    11             D     12.1.1.2       Ethernet0/0/0
33.1.0.0/22    OSPF     10    11             D     12.1.1.2       Ethernet0/0/0
34.1.1.0/24    OSPF     10    12             D     12.1.1.2       Ethernet0/0/0
44.1.0.0/24    O_ASE    150   1              D     12.1.1.2       Ethernet0/0/0
44.1.1.0/24    O_ASE    150   1              D     12.1.1.2       Ethernet0/0/0
44.1.1.1/32    OSPF     10    12             D     12.1.1.2       Ethernet0/0/0
44.1.2.0/24    O_ASE    150   1              D     12.1.1.2       Ethernet0/0/0
44.1.3.0/24    O_ASE    150   1              D     12.1.1.2       Ethernet0/0/0
```

显然，R3 的明细路由已经被汇总成了我们所配置的 22 位汇总路由。

下面，我们把上一个环节从 R4 导入到 OSPF 中的路由也进行一下汇总。此时读者要注意：R4 和 R3 的不同之处在于，R4 并没有连接不同的 OSPF 区域，它所有启用了 OSPF 协议的接口都处于同一个非 0 区域（区域 2）中，因此 R4 并不是 ABR。但它却将非 OSPF 路由导入到了 OSPF 协议中，这类路由器在 OSPF 术语体系中称为 ASBR（自治系统边界路由器）。而在 R4 上执行汇总的命令，也就应该相应输入命令“**asbr-summary** 汇总后地址汇总后掩码”。

```
[R4-ospf-1]asbr-summary 44.1.0.0 255.255.252.0
```

下面再次回到 R1 上查看结果。

```
[R1]display ip routing protocol ospf
Destination/Mask    Proto    Pre   Cost        Flags NextHop        Interface
22.1.1.1/32    OSPF     10    10             D     12.1.1.2       Ethernet0/0/0
23.1.1.0/24    OSPF     10    11             D     12.1.1.2       Ethernet0/0/0
33.1.0.0/22    OSPF     10    11             D     12.1.1.2       Ethernet0/0/0
34.1.1.0/24    OSPF     10    12             D     12.1.1.2       Ethernet0/0/0
 44.1.0.0/22    O_ASE   150   2              D     12.1.1.2       Ethernet0/0/0
44.1.1.1/32    OSPF     10    12             D     12.1.1.2       Ethernet0/0/0
```

如上所示，原本 4 条 O_ASE 路由也已经成功汇总为了一条 22 位的汇总路由。

10. 在 OSPF 中产生一条默认路由

默认路由是路由器转发数据包的最后选择，但它至少也是一种选择。当数据包的目的地址无法匹配任何一条路由时，路由器就会向默认路由指定的方向转发数据包。

在 OSPF 中生成一条默认路由并通告给 OSPF 邻居的方法十分简单，只需要进入 OSPF 协议配置试图中，配置 **default-route-advertise always** 命令即可，如下：

```
[R4]ospf 1
[R4-ospf-1]default-route-advertise always
```

下面我们回到 R1 上查看配置的结果。

```
[R1]display ip routing protocol ospf
Destination/Mask    Proto   Pre  Cost      Flags NextHop        Interface
0.0.0.0/0     O_ASE    150   1          D    12.1.1.2        Ethernet0/0/0
22.1.1.1/32   OSPF     10    10         D    12.1.1.2        Ethernet0/0/0
23.1.1.0/24   OSPF     10    11         D    12.1.1.2        Ethernet0/0/0
33.1.0.0/22   OSPF     10    11         D    12.1.1.2        Ethernet0/0/0
34.1.1.0/24   OSPF     10    12         D    12.1.1.2        Ethernet0/0/0
44.1.0.0/22   O_ASE    150   2          D    12.1.1.2        Ethernet0/0/0
44.1.1.1/32   OSPF     10    12         D    12.1.1.2        Ethernet0/0/0
```

如上所示，R1 已经学到了 R4 通告出来的默认路由，而且这条默认路由也是一条 O_ASE（外部）路由。

11．修改 OSPF 路由的优先级

在静态路由的实验中我们曾经介绍过，华为路由器会通过一种叫作优先级（Preference）的参数来比较通过不同渠道学习到的去往同一目的网络的路由哪个更优。

在前面的案例中，细心的读者应该已经发现，通过内部 OSPF 学习的路由，其优先级（Pre）为 10，而通过外部引入到 OSPF 中的路由，优先级则是 150。但这些优先级的数值是可以进行修改的，这就是 OSPF 实验第 11 个环节中要介绍的内容。

修改 OSPF 路由优先级必须首先进入 OSPF 协议配置视图。然后，如果想要修改内部 OSPF 路由的优先级值，就应使用命令“**preference** 优先级值”进行修改；如果想要修改外部引入 OSPF 路由的优先级值，则应该使用命令“**preference ase** 优先级值”进行修改。下面，我们尝试在 R1 上，将 OSPF 内部路由的优先级值修改为 20，将外部引入 OSPF 的路由优先级值修改为 50。

```
[R1]ospf 1
[R1-ospf-1]preference 20
[R1-ospf-1]preference ase 50
```

在修改之后，我们再次查看 R1 的路由观察 Pre 一列的变化。

```
[R1]display ip routing-table protocol ospf
Destination/Mask    Proto   Pre      Cost      Flags NextHop        Interface
0.0.0.0/0     O_ASE   50       1         D       12.1.1.2        Ethernet0/0/0
22.1.1.1/32   OSPF    20       10        D       12.1.1.2        Ethernet0/0/0
23.1.1.0/24   OSPF    20       11        D       12.1.1.2        Ethernet0/0/0
33.1.0.0/22   OSPF    20       11        D       12.1.1.2        Ethernet0/0/0
34.1.1.0/24   OSPF    20       12        D       12.1.1.2        Ethernet0/0/0
44.1.0.0/22   O_ASE   50       2         D       12.1.1.2        Ethernet0/0/0
44.1.1.1/32   OSPF    20       12        D       12.1.1.2        Ethernet0/0/0
```

此时，在 R1 的路由表中，原本优先级值为 10 的路由，优先级值都变成了 20；而原本为 150 的则变成了 50。

12．配置 OSPF 末节区域与完全末节区域

管理员可以通过将一些区域配置为末节区域，使与该区域相连的 ABR 不再向这个区域内的邻居路由器转发外部引入的路由条目，而代之以一条默认路由。

这种做法对于没有什么其他出口的区域来说，可以有效地减少区域内部路由器的路由表的大小，提升转发的效率。

配置的方法也很简单，管理员只需要进入所有参与该区域的路由器的 OSPF 协议配置视图，输入关键字 **stub** 即可。下面我们将区域 1 配置为末节区域，来演示配置的方法。

```
[R1]ospf 1
[R1-ospf-1]area 1
[R1-ospf-1-area-0.0.0.1]stub
```

```
[R2]ospf 1
[R2-ospf-1]area 1
[R2-ospf-1-area-0.0.0.1]stub
```

如上所示，由于参与区域 1 的路由器有 R1 和 R2，因此我们在上述两台路由的 OSPF 配置视图中配置了关键字 stub，下面我们查看区域 1 内部路由器 R1 的路由表，看看其中是否还有外部引入的路由。

```
[R1]display ip routing protocol ospf
Destination/Mask    Proto   Pre   Cost    Flags NextHop      Interface
0.0.0.0/0           OSPF    20    11      D     12.1.1.2     Ethernet0/0/0
22.1.1.1/32         OSPF    20    10      D     12.1.1.2     Ethernet0/0/0
23.1.1.0/24         OSPF    20    11      D     12.1.1.2     Ethernet0/0/0
33.1.0.0/22         OSPF    20    11      D     12.1.1.2     Ethernet0/0/0
34.1.1.0/24         OSPF    20    12      D     12.1.1.2     Ethernet0/0/0
44.1.1.1/32         OSPF    20    12      D     12.1.1.2     Ethernet0/0/0
```

如上所示，R1 的路由表中已经没有了 O_ASE 这样的外部引入路由，默认路由 0.0.0.0/0 也成了由 R2 通告过来的 OSPF 内部路由。

然而，将一个区域配置为末节区域，并不会妨碍这个区域的内部路由器学习到其他区域的 OSPF 路由。在上面的路由表中，除了默认路由和 22.1.1.1/32 这个去往 R2 环回接口的路由之外，其他几条都是去往其他区域的路由。

如果管理员希望在最大程度上减小路由表的大小，可以将一个区域配置为完全末节区域，让该区域的 ABR 只向该区域内部的路由器通告一条默认路由，而不通告任何其他区域的明细路由。

完全末节区域只需要在区域边界路由器上进行配置，配置方法与末节区域几乎相同，

只是需要在关键字 stub 后面再加上关键字 **no summary**。下面我们在 R2 的 OSPF 协议配置视图中配置该命令。

```
[R2-ospf-1]area 1
[R2-ospf-1-area-0.0.0.1]stub no-summary
```

接下来，我们再次查看 R1 的路由表。

```
[R1]display ip routing protocol ospf
Destination/Mask    Proto   Pre   Cost      Flags NextHop         Interface
0.0.0.0/0           OSPF    20    11          D   12.1.1.2        Ethernet0/0/0
22.1.1.1/32         OSPF    20    10          D   12.1.1.2        Ethernet0/0/0
```

如上所示，目前 R1 上已经只剩下了两条路由：一条是去往位于区域 1 内部的 R2 环回接口的路由；另一条是 R2 通告过来的去往其他 OSPF 区域的默认路由。

13. 配置 OSPF 虚链路

读者在学习 HCNA 的课程时一定学到过一个概念：在 OSPF 架构中，区域 0 是骨干区域，所有非 0 区域都要和区域 0 相连。

但如果出于某些客观原因，导致某个（或某些）区域无法直接与区域 0 相连，那就必须使用一种叫作虚链路的技术来连接区域 0 和这个区域。

图 3-3 只对之前的图 3-2 作出了一个“细微的”调整：我们交换了区域 1 和区域 0 的位置。这种貌似无关紧要的调整却导致区域 2 不再与区域 0 直连，此时我们就必须在 R3 和 R2 之间建立一条虚链路，将区域 2 与区域 0 从逻辑上连接起来。

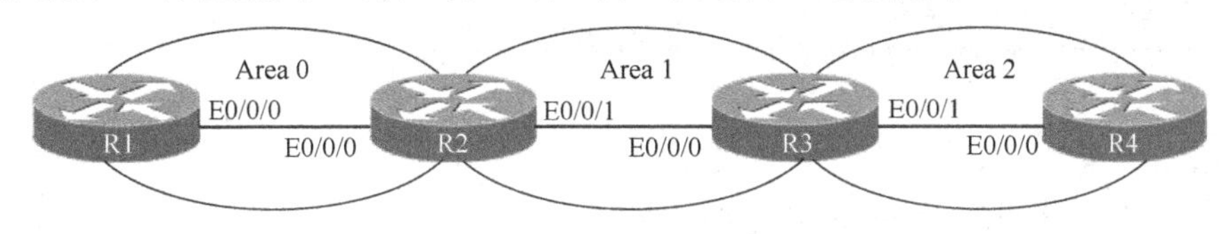

图 3-3　虚链路的实验环境

在下面的配置中，我们仍旧省略基础配置这一步骤。在此再次重申，我们使用的编址方式，还是之前已经反复使用的方法。

另外，在本次实验中，我们会将 R2 的环回接口宣告到区域 0 中，而将 R3 的接口宣告到区域 1 中。具体的 OSPF 基本配置如下。

```
[R1]ospf 1 router-id 11.1.1.1
[R1-ospf-1]area 0
[R1-ospf-1-area-0.0.0.0]network 12.1.1.1 0.0.0.0
[R1-ospf-1-area-0.0.0.0]network 11.1.1.1 0.0.0.0
[R2]ospf 1 router-id 22.1.1.1
[R2-ospf-1]area 0
[R2-ospf-1-area-0.0.0.0]network 12.1.1.2 0.0.0.0
[R2-ospf-1-area-0.0.0.0]network 22.1.1.1 0.0.0.0
```

```
[R2-ospf-1]area 1
[R2-ospf-1-area-0.0.0.1]network 23.1.1.2 0.0.0.0
[R3]ospf 1 router-id 33.1.1.1
[R3-ospf-1]area 1
[R3-ospf-1-area-0.0.0.1]network 23.1.1.3 0.0.0.0
[R3-ospf-1-area-0.0.0.1]network 33.1.1.1 0.0.0.0
[R3-ospf-1-area-0.0.0.1]quit
[R3-ospf-1]area 2
[R3-ospf-1-area-0.0.0.2]network 34.1.1.3 0.0.0.0
[R4]ospf 1 router-id 44.1.1.1
[R4-ospf-1]area 2
[R4-ospf-1-area-0.0.0.2]network 34.1.1.4 0.0.0.0
[R4-ospf-1-area-0.0.0.2]network 44.1.1.1 0.0.0.0
```

在将所有接口都宣告到相应区域之后，我们来查看一下 R2 与 R3 上的邻居关系。

```
[R2]display ospf peer brief
          OSPF Process 1 with Router ID 22.1.1.1
                   Peer Statistic Information
 ----------------------------------------------------------------------------
 Area Id          Interface                       Neighbor id        State
 0.0.0.0          Ethernet0/0/0                   11.1.1.1           Full
 0.0.0.1          Ethernet0/0/1                   33.1.1.1           Full
 ----------------------------------------------------------------------------
```

再到 R3 上进行查看。

```
[R3]display ospf peer brief
          OSPF Process 1 with Router ID 33.1.1.1
                   Peer Statistic Information
 ----------------------------------------------------------------------------
 Area Id          Interface                       Neighbor id        State
 0.0.0.1          Ethernet0/0/0                   22.1.1.1           Full
 0.0.0.2          Ethernet0/0/1                   44.1.1.1           Full
 ----------------------------------------------------------------------------
```

上面的输出信息显示，邻居关系一切正常。现在到 R1 上查看它的路由表。

```
[R1]display ip routing-table protocol ospf
Destination/Mask    Proto   Pre  Cost      Flags NextHop         Interface

22.1.1.1/32   OSPF     10   1          D    12.1.1.2        Ethernet0/0/0
23.1.1.0/24   OSPF     10   2          D    12.1.1.2        Ethernet0/0/0
33.1.1.1/32   OSPF     10   2          D    12.1.1.2        Ethernet0/0/0
```

显然，R1 没有学习到任何区域 2 中的路由。

接下来，我们来查看 R4 路由表中的 OSPF 路由。

```
[R4]display ip routing-table protocol ospf
```

结果是，R4 没有学习到任何 OSPF 路由。

上面的输出信息表示，区域 1 和区域 2 尽管相连，它们之间却不会通过 R3 交互路由信息。所以，我们需要在 R2 和 R3 之间建立一条虚链路，将区域 2 与区域 0 在逻辑上连接起来。具体的配置方法是，首先进入 R2 或 R3 的 OSPF 协议配置视图，然后进入区域 1 的配置视图，因为区域 1 是虚链路需要穿越的区域，最后使用命令“**vlink-peer** 对端路由器 ID”，然后在对端路由器上执行对应的操作。具体的配置过程如下所述。

在 R2 上：

```
[R2]ospf 1
[R2-ospf-1]area 1
[R2-ospf-1-area-0.0.0.1]vlink-peer 33.1.1.1
```

在 R3 上：

```
[R3]ospf 1
[R3-ospf-1]area 1
[R3-ospf-1-area-0.0.0.1]vlink-peer 22.1.1.1
```

完成上述配置之后，我们可以使用命令 **display ospf vlink** 来验证该链路是否已经启用。

```
[R2]display ospf vlink
          OSPF Process 1 with Router ID 22.1.1.1
                   Virtual Links
 Virtual-link Neighbor-id  -> 33.1.1.1, Neighbor-State:Full
 Interface: 23.1.1.2 (Ethernet0/0/1)
 Cost: 1   State: P-2-P   Type: Virtual
 Transit Area: 0.0.0.1
 Timers: Hello 10 , Dead 40 , Retransmit 5 , Transmit Delay 1
```

上述信息表明，R2 与 R3 之间的虚链路已经成功建立起来了。因此区域 2 也就拥有了一条与区域 0 相连的逻辑连接。

下面我们再次查看 R1 的路由表。

```
[R1]display ip routing-table protocol ospf
Destination/Mask    Proto   Pre  Cost      Flags NextHop        Interface
  22.1.1.1/32  OSPF    10   1           D   12.1.1.2       Ethernet0/0/0
  23.1.1.0/24  OSPF    10   2           D   12.1.1.2       Ethernet0/0/0
  33.1.1.1/32  OSPF    10   2           D   12.1.1.2       Ethernet0/0/0
  34.1.1.0/24  OSPF    10   3           D   12.1.1.2       Ethernet0/0/0
  44.1.1.1/32  OSPF    10   3           D   12.1.1.2       Ethernet0/0/0
```

此时，R1 显然已经学习到了区域 2 中的路由。接下来查看 R4 路由表中的 OSPF 路由。

```
[R4]display ip routing-table protocol ospf
Destination/Mask      Proto    Pre   Cost        Flags NextHop        Interface
11.1.1.1/32    OSPF      10    3            D    34.1.1.3         Ethernet0/0/0
12.1.1.0/24    OSPF      10    3            D    34.1.1.3         Ethernet0/0/0
22.1.1.1/32    OSPF      10    2            D    34.1.1.3         Ethernet0/0/0
23.1.1.0/24    OSPF      10    2            D    34.1.1.3         Ethernet0/0/0
33.1.1.1/32    OSPF      10    1            D    34.1.1.3         Ethernet0/0/0
```

R4 也已经通过 OSPF 协议学习到了整个拓扑中所有非直连网络的路由。

实验继续，下面我们在区域 0 的两台路由器——也就是 R1 和 R2 上配置 OSPF 区域 0 的 md5 认证。认证的配置方法我们已经在环节 2 中进行过了介绍，这里直接给出配置。

```
[R1]ospf 1
[R1-ospf-1]area 0
[R1-ospf-1-area-0.0.0.0]authentication-mode md5 1 plain yeslab
[R2]ospf 1
[R2-ospf-1]area 0
[R2-ospf-1-area-0.0.0.0]authentication-mode md5 1 plain yeslab
```

在完成配置之后，我们回到路由器 R3 上查看虚链路的状态。

```
[R3]display ospf vlink
          OSPF Process 1 with Router ID 33.1.1.1
                  Virtual Links
 Virtual-link Neighbor-id    -> 22.1.1.1, Neighbor-State: Down
 Interface: 23.1.1.3 (Ethernet0/0/0)
 Cost: 1    State: P-2-P    Type: Virtual
 Transit Area: 0.0.0.1
 Timers: Hello 10 , Dead 40 , Retransmit 5 , Transmit Delay 1
```

可以看到，此时虚链路已经断开（Down）。

这个测试结果暗示我们：虚链路虽然跨越的是区域 1，但它在属性上是属于区域 0 的一个逻辑接口。

下面我们在 R3 的 OSPF 区域 0 配置视图中配置相同的 md5 认证。

```
[R3]ospf 1
[R3-ospf-1]area 0
[R3-ospf-1-area-0.0.0.0]authentication-mode md5 1 plain yeslab
```

完成配置后，再次查看虚链路的状态。

```
[R3]display ospf v
[R3]display ospf vlink
          OSPF Process 1 with Router ID 33.1.1.1
                  Virtual Links
Virtual-link Neighbor-id    -> 22.1.1.1, Neighbor-State: Full
```

```
Interface: 23.1.1.3 (Ethernet0/0/0)
 Cost: 1    State: P-2-P    Type: Virtual
 Transit Area: 0.0.0.1
 Timers: Hello 10 , Dead 40 , Retransmit 5 , Transmit Delay 1
```

上面的输出信息表示，在认证通过后，虚链路又重新建立起来了。

除了将非 0 区域与区域 0 连接起来之外，虚链路还有另一种用途，那就是将两个不连续的区域 0 连接起来，但这种用途的配置方法与上面的情形并没有什么区别。此外，虚链路的内容本来就已经超出了 HCNA 级别考试的要求，因此我们也就不在此继续演示这种情形的配置方法了。

3.4 总结

本章演示了路由器获得路由条目的三种方式（静态路由、RIP 协议、OSPF 协议）如何进行配置。除了基本的配置之外，我们还针对不同的路由获取方式，介绍了一些特殊功能的配置方法。比如静态路由实验中的浮动静态路由，RIP 协议中的汇总路由、RIP 认证和 RIP 被动接口，OSPF 协议中的 OSPF 认证、OSPF 被动接口、汇总 OSPF 路由、产生 OSPF 默认路由、修改 OSPF 路由优先级、配置各种 OSPF 末节区域和 OSPF 虚链路等，这些内容几乎涵盖了静态路由、RIP 协议和 OSPF 协议的所有常用配置。

第 4 章　常用应用层协议

常用应用层协议是 HCNA 入门课程中的最后一章，在完成这一章的实验之后，读者就可以开始尝试 HCNA 进阶部分的实验了。

应用层的协议林林总总，不可胜数，即使对于网络技术并不在行的人都能列举出几种常见的应用层协议。好在，华为大纲在这一章中涵盖的内容完全不像题目本身那么宏大。在 HCNA 部分，需要考生掌握的实验基本只与 DHCP、FTP、Telnet 和 SSH 这四个协议有关。在开始阅读下面的内容之前，我们希望没有基础的读者能够先通过某种渠道了解一下上述四种协议的基本原理。如有不便，至少也应该在开展本章的实验之前，搞清这些协议旨在实现什么样的效果。而我们在本章中希望通过实验达到的内容是，为读者演示如何配置华为路由器，才能让它们在这些协议的运行中，扮演好相应的角色。

4.1　实验一：DHCP 协议

4.1.1　背景介绍

用最简单的方式来说，DHCP 的作用就是让网络中的主机（DHCP 客户端）通过 DHCP 服务器来获取地址信息，而无须由管理员挨个配置地址。因此，在 DHCP 协议中，路由器至少应该可以扮演 DHCP 服务器和 DHCP 客户端这两种角色。但除此之外，当 DHCP 服务器和 DHCP 客户端并不在同一个网络中，它们之间需要跨越路由器进行通信时，它们所跨越的路由器就必须作为 DHCP 中继为双方转发 DHCP 信息，才能够让 DHCP 客户端顺利从 DHCP 服务器那里获取到地址资源。于是，路由器在 DHCP 环境中又多了一重可以扮演的身份——DHCP 中继。在这个实验中，我们会介绍如何配置，才能让路由器成为 DHCP 服务器、DHCP 客户端和 DHCP 中继。

4.1.2　实验目的

掌握将华为路由器配置为 DHCP 服务器、DHCP 客户端和 DHCP 中继的方法。

4.1.3　实验拓扑

本实验的拓扑环境如图 4-1 所示。

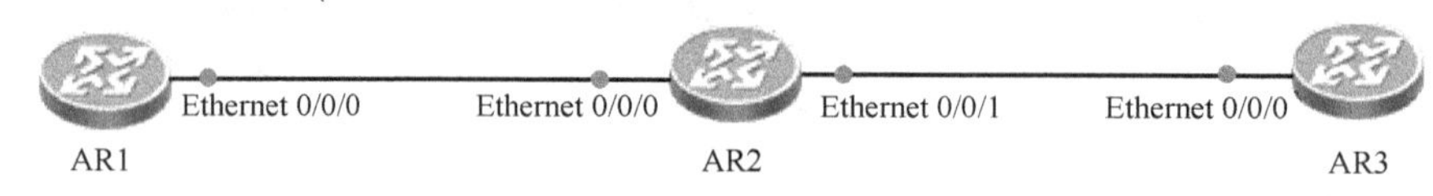

图 4-1　DHCP 实验的拓扑环境

在 DHCP 的实验中，我们采取了与静态路由实验相同的拓扑：网络中一共包含了 3 台路由器——AR1、AR2 和 AR3，而这三台路由器分别在网络中扮演 DHCP 服务器、DHCP 中继和 DHCP 客户端的角色。

4.1.4　实验环节

1．基础配置

```
[AR1]interface GigabitEthernet 0/0/0
[AR1-GigabitEthernet0/0/0]ip address 12.1.1.1 255.255.255.0
[AR2]interface GigabitEthernet 0/0/0
[AR2-GigabitEthernet0/0/0]ip address 12.1.1.2 255.255.255.0
[AR2-GigabitEthernet0/0/0]quit
[AR2]interface GigabitEthernet 0/0/1
[AR2-GigabitEthernet0/0/1]ip address 23.1.1.2 255.255.255.0
```

如上，我们在 AR1、AR2 的接口上按照一贯的编址方法配置了相应的地址，但并没有在 AR3 上配置地址，这是因为 AR3 是这个实验中的 DHCP 客户端，实验的目的就是让它通过 DHCP 协议从 AR1 那里获取地址。

2．DHCP 客户端的配置

```
[AR3]dhcp enable
Info: The operation may take a few seconds. Please wait for a moment.done.
[AR3]interface GigabitEthernet 0/0/0
[AR3-GigabitEthernet0/0/0]ip address dhcp-alloc
```

如上所示，DHCP 客户端的配置相当简单，具体如下所述。

第 1 步：在这台路由器上通过命令 **dhcp enable** 来启动 DHCP 协议。

第 2 步：在需要通过 DHCP 协议学习地址信息的接口配置视图中使用命令 **ip address dhcp-alloc** 来将这个接口指定为 DHCP 客户端。

3. DHCP 服务器的配置

```
[AR1]dhcp enable
Info: The operation may take a few seconds. Please wait for a moment.done.
[AR1]ip pool yeslab-1
Info: It's successful to create an IP address pool.
[AR1-ip-pool-yeslab-1]network 23.1.1.0 mask 255.255.255.0
[AR1-ip-pool-yeslab-1]dns-list 4.4.4.4
[AR1-ip-pool-yeslab-1]gateway-list 23.1.1.2
[AR1-ip-pool-yeslab-1]excluded-ip-address 23.1.1.2 23.1.1.99
[AR1-ip-pool-yeslab-1]lease day 2
[AR1-ip-pool-yeslab-1]quit

[AR1]interface GigabitEthernet 0/0/0
[AR1-GigabitEthernet0/0/0]dhcp select global
```

将路由器配置为 DHCP 服务器分为以下 3 步。

第 1 步：首先，我们还是需要先在这台路由器上启用 DHCP 协议，命令和环节 2 的第 1 步中介绍的命令没有任何区别。但接下来的工作则比较烦琐。

第 2 步：在配置 DHCP 服务器时，我们需要使用命令“**ip pool** 地址池名称”来定义地址池信息，地址池中所包含的地址是有待分配给 DHCP 客户端的地址。在定义地址池时，可以指定的内容包括但不限于：

- 通过命令“**network** 网络地址 **mask** 网络掩码”来定义要分配的网络地址和掩码。在这个实验中，由于 DHCP 客户端处于网络 23.1.1.0/24 中，因此要分配的地址当然也要处于这个地址区间，才能保证 DHCP 客户端能够与这个网络中的其他设备进行通信。
- 通过命令“**dns-list** DNS 服务器地址”来定义 DNS 服务器的地址。DNS 服务的作用是解析域名所对应的 IP 地址。关于 DNS 协议的具体原理我们在这里不加赘述，但配置 DHCP 服务器时常常需要配置 DNS 服务器的地址。
- 通过命令“**gateway-list** DNS 网关地址”来定义网关设备的地址。在这个实验中，DHCP 客户端的网关地址显然应该指定为 AR2 的 GigabitEthernet 0/0/1 接口地址。
- 通过命令“**excluded-ip-address** 不进行分配的起始地址不进行分配的终止地址”。在这个实验中，我们尝试不分配 20.1.1.2 到 20.1.1.99 之间的地址。
- 通过命令“**lease day** 地址租期”指定所分配地址的租期。在设备通过 DHCP 服务器获得的地址达到租期规定的时间前，它需要重新向 DHCP 服务器申请地址池中的地址。在本次实验中，我们将地址租期指定为 2 天。

第 3 步：这一步和配置 DHCP 客户端类似，我们需要在扮演 DHCP 服务器的接口上通

过命令 **dhcp select global** 将其指定为对外分配地址的 DHCP 服务器。

接下来，我们来将 AR2 配置为 DHCP 中继设备，让它充当中介来为 DHCP 服务器和 DHCP 客户端转发地址信息。

4．DHCP 中继的配置

```
[AR2]dhcp enable
[AR2]dhcp server group yeslab
Info:It's successful to create a DHCP server group.
[AR2-dhcp-server-group-yeslab]dhcp-server 12.1.1.1
[AR2-dhcp-server-group-yeslab]quit

[AR2]interface GigabitEthernet 0/0/1
[AR2-GigabitEthernet0/0/1]dhcp select relay
[AR2-GigabitEthernet0/0/1]dhcp relay server-select yeslab
[AR2-GigabitEthernet0/0/1]quit
```

将路由器配置为 DHCP 中继同样分为以下 3 步。

第 1 步： 在这台路由器上启用 DHCP 协议，方法不再赘述。

第 2 步： 在系统视图中，使用命令"**dhcp server group** DHCP 服务器组名称"创建一个 DHCP 服务器组，并在 DHCP 服务器组配置视图中，使用命令"**dhcp-server** DHCP 服务器地址"来指定 DHCP 服务器的地址。在本例中，DHCP 服务器的地址是 AR1GigabitEthernet 0/0/0 的地址 12.1.1.1。

第 3 步： 在充当 DHCP 中继的那个接口（本例中为 AR2 的 GigabitEthernet0/0/1 接口）的配置视图中，使用命令 **dhcp select relay** 将其指定为 DHCP 中继，并通过命令"**dhcp relay server-select** DHCP 服务器组名称"与第 2 步定义的服务器组绑定，让这台 DHCP 中继知道，自己是在为哪台 DHCP 服务器中继地址信息。由于我们在步骤 2 中定义的服务器组名称为 yeslab，因此我们在这里也需要使用这个命令来调用这个服务器组。

注意，虽然完成了以上配置，但 DHCP 客户端仍然不可能从 DHCP 服务器那里获取到地址信息，因为 DHCP 服务器（AR1）上根本没有去往 DHCP 客户端（AR2）的路由。所以，接下来需要在 AR1 上定义一条去往网络 23.1.1.0/24 的静态路由。

5．配置静态路由

```
[AR1]ip route-static 23.1.1.0 255.255.255.0 12.1.1.2
```

定义这条静态路由的目的是告诉 AR1 如何将信息发往路由器 AR3。

下面我们在 AR3 上验证上面的配置。

6．验证 DHCP 的配置效果

在完成上述配置之后，我们可以使用命令 **display ip interface brief** 来查看相应的接口

是否获得了地址。

```
[AR3]display ip interface brief
Interface                      IP Address/Mask     Physical     Protocol
GigabitEthernet0/0/0           23.1.1.254/24       up           up
```

如上所示，尽管我们并没有给 AR3 配置过任何具体的地址。但是 AR3 的 G0/0/0 接口上已经获得了 IP 地址 23.1.1.254/24。

下面，我们可以通过实验一的第 13 个环节中介绍的命令“**display interface** 地址编号”来查看更多的信息。

```
[AR3]display interface GigabitEthernet 0/0/0
GigabitEthernet0/0/0 current state : UP
Line protocol current state : UP
Last line protocol up time : 2015-07-22 15:43:23 UTC-05:13
Description:HUAWEI, AR Series, GigabitEthernet0/0/0 Interface
Route Port,The Maximum Transmit Unit is 1500
Internet Address is allocated by DHCP, 23.1.1.254/24
```

如上所示，这条命令明确显示了“网络地址 23.1.1.254/24 是通过 DHCP 指定的”。

此外，在 AR1 上使用 **display ip pool** 也可以看到很多重要信息。

```
[AR1]display ip pool
  -----------------------------------------------------------------------
  Pool-name          : yeslab-1
  Pool-No            : 0
  Position           : Local          Status            : Unlocked
  Gateway-0          : 23.1.1.2
  Mask               : 255.255.255.0
  VPN instance       : --
  IP address Statistic
    Total        :253
    Used         :1          Idle        :154
    Expired      :0          Conflict    :0          Disable     :98
```

如上，我们不仅可以看到我们配置的地址池的名称，而且可以看到网关地址、掩码，甚至可以看到这个地址池中地址的总数、不予分配的地址数量，以及已经分配出去的地址数量。

4.2　实验二：FTP 协议

4.2.1　背景介绍

FTP 是一种相当常用的文件传输协议，它和 DHCP 协议、HTTP 协议等应用层协议一样，都属于那种非专业人士也都耳熟能详的常用协议之一。FTP 属于那种简单的客户端-服务器模型，其中只有充当 FTP 服务器的路由器需要进行配置，而充当 FTP 客户端的路由器则并不需要针对 FTP 协议本身进行什么特殊的配置。在第 1 章的 VRP 系统升级与备份中，我们也已经见识过华为路由器充当 FTP 客户端的情形。

严格来说，配置 FTP 服务器的方法并不复杂。但测试它的过程看上去却显得有些烦琐。在这个过程中，我们会有限地涉及如何处理华为路由器的文件系统，以及如何从充当 FTP 服务器的路由器上下载文件，或者如何向充当 FTP 服务器的路由器上传文件。在这个实验中，我们会通过在 FTP 客户端上配置 NQA 实例的方法来执行 FTP 下载测试。由于 NQA 并不是 HCNA 考试的要求，因此我们也不会对有关 NQA 的配置命令进行介绍。同时，也请读者把注意力集中在 FTP 服务器的配置步骤上。在配置 NQA 的部分时，只需按照我们的方法执行配置，并在配置的过程中尽可能尝试理解即可。

4.2.2　实验目的

掌握 FTP 服务器的配置方法。

4.2.3　实验拓扑

本实验的拓扑环境如图 4-2 所示。

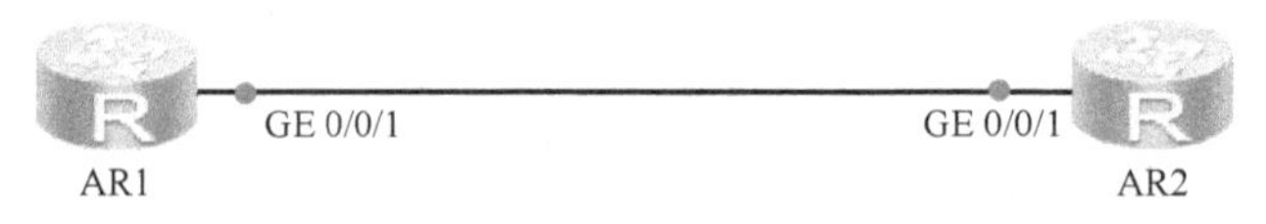

图 4-2　FTP 实验的拓扑环境

在 FTP 的实验中，由于只涉及两台设备之间相互复制信息，因此没有必要引入第 3 台设备来让环境无端变得复杂化。在这个拓扑中，AR2 会充当 FTP 服务器，而 AR1 则会充当客户端设备。因此，本次实验的重点是 AR2 上与 FTP 有关的配置。

4.2.4　实验环节

1. 基础配置

```
[AR1]interface GigabitEthernet 0/0/1
[AR1-GigabitEthernet0/0/1]ip address 12.1.1.1 255.255.255.0
[AR1-GigabitEthernet0/0/1]quit

[AR2]int GigabitEthernet 0/0/1
[AR2-GigabitEthernet0/0/1]ip address 12.1.1.2 255.255.255.0
[AR2-GigabitEthernet0/0/1]quit

[AR1]ping 12.1.1.2
  PING 12.1.1.2: 56   data bytes, press CTRL_C to break
Reply from 12.1.1.2: bytes=56 Sequence=1 ttl=255 time=40 ms
Reply from 12.1.1.2: bytes=56 Sequence=2 ttl=255 time=10 ms
Reply from 12.1.1.2: bytes=56 Sequence=3 ttl=255 time=10 ms
Reply from 12.1.1.2: bytes=56 Sequence=4 ttl=255 time=10 ms
Reply from 12.1.1.2: bytes=56 Sequence=5 ttl=255 time=10 ms
```

2. FTP 服务器的配置

配置 FTP 服务器的第一步和配置所有参与 DHCP 协议设备的第一步相同，那就是启用这项协议。在华为路由器上启用 FTP 服务器功能需要在系统视图中输入命令 **ftp server enable**，如下所示。

```
[AR2]ftp server enable
Info: Succeeded in starting the FTP server
```

根据提示信息显示，AR2 已经成功启动了 FTP 服务器功能。

接下来，管理员需要通过命令 **aaa** 进入 AAA 配置视图进行一系列配置。具体的配置过程如下所示。

```
[AR2]aaa
[AR2-aaa]local-user user1 password cipher yeslab
Info: Add a new user.
```

如上所示。首先，我们需要在 AAA 配置视图中通过命令“**local-user** 用户名 **password cipher** 密码”在这台路由器上创建一组用户名和密码。此时，创建用户名和密码的作用自然是要对申请服务的用户进行认证。

```
[AR2-aaa]local-user user1 service-type ftp
[AR2-aaa]local-user user1 ftp-directory flash:/
```

```
[AR2-aaa]local-user user1 privilege level 15
[AR2-aaa]quit
```

接下来的内容也很好理解。首先，我们需要通过命令“**local-user** 用户名 **service-type ftp**”指定这个账户的服务类型——一个 FTP 账户。接下来，管理员通过命令“**local-user** 用户名 **ftp-directory** 目录”指定了这个 FTP 服务器的目录是 flash:/，也就是这台路由器的根目录。最后一条命令“**local-user** 用户名 **privilege level** 账户优先级”的作用是指定有用户登录这个账户后，能够执行什么程度的管理操作。对于用户（账户）优先级的介绍，以及它与命令优先级之间的对应关系，已经遗忘的读者可以回顾第 1 章实验一的第 8 个环节，或者直接参考表 1-1。

此外，读者如果对这个环节中的任何一个步骤感到陌生，可以尝试在家庭环境中通过一些操作简单的 FTP 软件，来尝试将自己的某台桌面设备设置为 FTP 服务器，然后在另一台设备上登录，很容易就可以理解执行上述操作的理由。

3. 测试 FTP 服务器的效果

为了在执行测试的同时不会影响 AR2 根目录中的文件，我们会将根目录中的随便一个文件复制到一个新建的目录中，对其文件名进行修改，然后再复制回根目录中，作为测试下载的文件。

首先，我们先来查看一下这台路由器的文件目录。

```
<AR2>dir
Directory of flash:/
  Idx  Attr     Size(Byte)  Date        Time(LMT)  FileName
    0  -rw-        121,802  Feb 27 2014 10:22:19  portalpage.zip
    1  -rw-        828,482  Feb 27 2014 10:22:18  sslvpn.zip
    2  drw-              -  Jul 23 2015 15:23:28  dhcp
    3  -rw-          2,263  Jul 23 2015 15:33:12  statemach.efs
    4  -rw-            249  Jul 23 2015 15:31:51  private-data.txt
    5  -rw-            686  Jul 23 2015 15:31:51  vrpcfg.zip
```

上面显示的是 AR2 根目录（即 flash:/）中的文件，我们不妨以文件名为 portalpage.zip 的这个文件来执行后面的测试。下面我们新建一个名为 test 的目录，并把 portalpage.zip 拷贝进去。

```
<AR2>mkdir test
<AR2>copy portalpage.zip test
<AR2>cd test
<AR2>dir
Directory of flash:/test/
  Idx  Attr     Size(Byte)  Date        Time(LMT)  FileName
    0  -rw-        121,802  Jul 23 2015 15:53:22  portalpage.zip
```

通过新建目录和复制文件，我们在 flash:/test/这个目录下也看到了这个文件。下面，我们来将它的用户名修改为 text.txt。

```
<AR2>rename portalpage.zip test.txt
```

在输入了“**rename** 原用户名新用户名”这条命令之后，系统会向管理员征询，是否真的要修改用户名，此时应输入字幕“**y**”。

在修改用户名之后，下面我们再把这个文件拷贝回根目录下。这样，根目录中就多了一个我们人为创建的 test.txt 文件，如下所示。

```
<AR2>cd test
<AR2>copy test.txt flash:
Copy flash:/test/test.test to flash:/test.test? (y/n)[n]:y
<AR2>dir
Directory of flash:/
  Idx  Attr    Size(Byte)  Date         Time(LMT)  FileName
   7   -rw-       121,802  Jul 23 2015 15:55:06    test.txt
```

接下来，我们回到 AR1 上，通过配置 NQA 的方法来尝试下载测试这个文件。再次重申，这个过程超出了 HCNA 对于考生的要求，因此这里不作任何解释。但我相信，对于这里的绝大多数操作，读者都能理解其意图。

```
[AR1]nqa test-instance admin ftp
[AR1-nqa-admin-ftp]test-type ftp
[AR1-nqa-admin-ftp]destination-address ipv4 12.1.1.2
[AR1-nqa-admin-ftp]source-address ipv4 12.1.1.1
[AR1-nqa-admin-ftp]ftp-operation get
[AR1-nqa-admin-ftp]ftp-username user1
[AR1-nqa-admin-ftp]ftp-password yeslab
[AR1-nqa-admin-ftp]ftp-filename test.txt
[AR1-nqa-admin-ftp]start now
```

下面我们查看测试的结果。

```
[AR1-nqa-admin-ftp]display nqa results test-instance admin ftp
  1. Test 1 result    The test is finished
   SendProbe:1                          ResponseProbe:1
   Completion:success                   RTD OverThresholds number: 0
   MessageBodyOctetsSum: 2263           Stats errors number: 0
   Operation timeout number: 0          System busy operation number:0
   Drop operation number:0              Disconnect operation number: 0
   CtrlConnTime Min/Max/Average: 130/130/130
   DataConnTime Min/Max/Average: 80/80/80
   SumTime Min/Max/Average: 210/210/210
```

```
    Average RTT:210
    Lost packet ratio:0 %
```

有兴趣的读者也可以通过 NQA 实例来测试一下从 AR1 向 FTP 服务器 AR2 传文件的效果，具体配置方法如下。

```
[AR1-nqa-admin-ftp]ftp-operation put
[AR1-nqa-admin-ftp]ftp-filename testput.txt
[AR1-nqa-admin-ftp]ftp-filesize 20
[AR1-nqa-admin-ftp]start now
```

在上面的配置中，我们尝试从 AR1 向 FTP 服务器（AR2）传了一个大小为 20 字节、名为 testput.txt 的文件。

完成上面的后，我们依旧可以命令 **display nqa results** 来验证测试配置的结果。

```
[AR1]display nqa results test-instance admin ftp
  5 . Test 8 result    The test is finished
   SendProbe:1                          ResponseProbe:1
   Completion:success                   RTD OverThresholds number: 0
   MessageBodyOctetsSum: 20480            Stats errors number: 0
   Operation timeout number: 0          System busy operation number:0
   Drop operation number:0              Disconnect operation number: 0
   CtrlConnTime Min/Max/Average: 110/110/110
   DataConnTime Min/Max/Average: 180/180/180
   SumTime Min/Max/Average: 290/290/290
   Average RTT:290
   Lost packet ratio:0 %
```

当然，更直接的方法是，在路由器上查看是否如期获得了相应的文件。

```
<AR2>dir
Directory of flash:/
   Idx  Attr     Size(Byte)  Date        Time(LMT)  FileName
    5   -rw-         20,480  Jul 23 2015 16:38:46   testput.txt
```

所有验证结果表明，我们将 AR2 配置为一台 FTP 服务器的努力达到了预期的效果。

这里顺便说明，读者可以在 AR1 上输入命令“**ftp** FTP 服务器地址”向 AR2 这台 FTP 服务器发起连接。发起连接后，服务器方会要求用户提供用户名和密码。在登录上 FTP 服务器之后，管理员可以使用命令“**get** 文件名”来下载 FTP 服务器上的文件。（在 NQA 的配置中，我们特意用阴影标出了 FTP 操作中的两个关键词 get 和 put。）

鉴于这种方法更加简单直观，我们将它们留给读者自行完成。

4.3　实验三：远程管理协议之 Telnet

4.3.1　背景介绍

Telnet 协议的作用是对设备进行远程管理。在本书第 1 章实验一的第 8 个环节中，我们曾经用不到 200 个汉字的篇幅对这个协议的用途及一些周边术语进行了一番简短的介绍。而那个环节的重点，则是介绍配置 Telnet 密码的方法。在这个实验中，我们会通过配置，让一台华为路由器成为 Telnet 服务器，使管理员能够在其他设备上通过 Telnet 协议远程对其进行管理，并对这一配置效果进行测试。

4.3.2　实验目的

掌握如何通过配置，让管理员能够远程管理一台华为路由器。

4.3.3　实验拓扑

本实验将沿用图 4-2 所示的拓扑。

在整个实验中，我们会通过配置 AR2，让它能够通过 Telnet 对 AR1 进行管理。

4.3.4　实验环节

1．基础配置

```
[AR1]interface GigabitEthernet 0/0/1
[AR1-GigabitEthernet0/0/1]ip address 12.1.1.1 255.255.255.0
[AR1-GigabitEthernet0/0/1]quit

[AR2]int GigabitEthernet 0/0/1
[AR2-GigabitEthernet0/0/1]ip address 12.1.1.2 255.255.255.0
[AR2-GigabitEthernet0/0/1]quit

[AR1]ping 12.1.1.2
  PING 12.1.1.2: 56  data bytes, press CTRL_C to break
Reply from 12.1.1.2: bytes=56 Sequence=1 ttl=255 time=40 ms
Reply from 12.1.1.2: bytes=56 Sequence=2 ttl=255 time=10 ms
```

```
Reply from 12.1.1.2: bytes=56 Sequence=3 ttl=255 time=10 ms
Reply from 12.1.1.2: bytes=56 Sequence=4 ttl=255 time=10 ms
Reply from 12.1.1.2: bytes=56 Sequence=5 ttl=255 time=10 ms
```

2. Telnet 的配置

```
[AR2]user-interface vty 0 4
[AR2-ui-vty0-4]authentication-mode password
[AR2-ui-vty0-4]set authentication password simple yeslab
```

上述配置与第 1 章实验一第 8 个环节的配置相同，想必已经不需要进行解释。

我想要在此额外说明的一项配置是：Telnet 默认的端口号是 23，不过管理员可以修改 Telnet 的端口号，让管理员通过另一个端口号对这台设备发起 Telnet 连接。完成这项设置需要在设备的系统视图下输入命令"**telnet server port** 新 telnet 端口号"。

```
[AR2]telnet server port 30000
  After the command is executed, logging in to the port through telnet fails, all the telnet users exit, and a new port is created. If you need to set the port through telnet again, wait for at least two minutes and then set the port again. Are you sure to continue?(y/n)[n]:y
```

在输入上面的配置后，设备弹出一段冗长的告警信息，其意图是告诉管理员：在执行这条命令之后，通过 Telnet 管理员使这台设备的连接都会断开，所有 Telnet 用户都会登出，然后再会创建新的端口。如果想要再次设置 Telnet 端口，需要等待至少 2 分钟。

此时，输入 y 执行这条命令即可。

3. 测试 Telnet 协议

下面，我们尝试使用命令"**telnet** 目的地址"来远程管理 AR2。

```
<AR1>telnet 12.1.1.2
  Press CTRL_] to quit telnet mode
  Trying 12.1.1.2 ...
  Error: Can't connect to the remote host
```

可以看到，从 AR1 上 Telnet 的尝试失败了，这是因为我们修改了 Telnet 的端口号。下面我们用"**telnet** 目的地址目的端口"命令向修改后的端口发起 Telnet 测试。

```
<AR1>telnet 12.1.1.2 30000
  Press CTRL_] to quit telnet mode
  Trying 12.1.1.2 ...
  Connected to 12.1.1.2 ...

Login authentication

Password:
<AR2>
```

如上所示，在输入了密码之后，我们成功登录上了 AR2。

当然，除了设备之间可以使用 Telnet 外，很多主机平台上的软件也可以使用 Telnet 的方式连接设备，如 CRT、Windows 自带的 Telnet 工具等，这才是曾常见的设备管理方式。

4.4　实验四：远程管理协议之 SSH

4.4.1　背景介绍

SSH 的作用与 Telnet 完全相同，但它们存在一个重大的区别：Telnet 协议的通信是以明文的形式发送的，而 SSH 协议的通信则是以加密的形式发送的。这就是说，尽管 Telnet 协议提供了密码认证这种安全手段来确保登录的用户了解登录这台设备的密码，但任何人都可以通过在中间设备上抓取 Telnet 客户端与 Telnet 服务器之间的通信信息来窃取登录设备的密码。SSH 协议则会对客户端与服务器之间的通信信息进行加密，没有密钥，即使有人在中间设备上截取到了双方通信的数据包，看到的也只是经过加密后的乱码，而无法用这些数据来登录设备。

在本次实验中，我们将演示如何通过配置，让一台华为路由器成为 SSH 服务器，接受其他设备发起的管理连接，并对配置的结果进行测试。

4.4.2　实验目的

掌握如何通过配置，让管理员能够安全地远程管理一台华为路由器。

4.4.3　实验拓扑

本实验继续沿用图 4-2 所示的拓扑。

在整个实验中，我们会通过配置 AR2，让它能够通过 SSH 协议在 AR1 上进行管理。

4.4.4　实验环节

1. 基础配置

基础配置与前面两个实验完全相同，这里不再重复粘贴占用篇幅。

2. SSH 的配置

与 Telnet 配置相比，SSH 的配置多了两步，而这两步都要在系统视图中进行配置。首先，管理员需要使用命令 **rsa local-key-pair create** 在 SSH 服务器上创建本地密钥对，并指明密钥长度，配置的过程如下。

```
[AR2]rsa local-key-pair create
The key name will be: Host
% RSA keys defined for Host already exist.
Confirm to replace them? (y/n)[n]:y
The range of public key size is (512 ~ 2048).
NOTES: If the key modulus is greater than 512,
        It will take a few minutes.
Input the bits in the modulus[default = 512]:768
Generating keys...
......++++++++
.........++++++++
...+++++++++
.......+++++++++
```

其次，管理员需要在充当 SSH 服务器的那台路由器上通过命令 **stelnet server enable** 启用 SSH 服务器功能——就像我们在前面的实验一和实验二中，配置 DHCP 协议和 FTP 协议时所做的那样。

```
[AR2]stelnet server enable
Info: Succeeded in starting the STELNET server.
```

接下来，由于 SSH 和 Telnet 协议一样需要通过 vty 接口连接设备，因此我们需要在 vty 接口上作文章。

```
[AR2]user-interface vty 0 4
[AR2-ui-vty0-4]authentication-mode aaa
[AR2-ui-vty0-4]protocol inbound ssh
[AR2-ui-vty0-4]quit
```

如上所示，在配置 vty 接口时，我们将认证模式指定为 aaa，同时在 vty 接口上指明了入站协议为 SSH。在默认情况下，此时 Telnet 会自动关闭。

接下来，既然认证模式为 aaa，我们还需要进入 aaa 配置视图中设置通过 SSH 协议远程登录 AR2 的账户，其中包括设置用户名、密码、协议以及用户优先级等。鉴于这和我们配置 FTP 服务器时设置的内容雷同，因此不再进行详细介绍。

```
[AR2]aaa
[AR2-aaa]local-user user1 password cipher yeslab
Info: Add a new user.
[AR2-aaa]local-user user1 service-type ssh
[AR2-aaa]local-user user1 privilege level 15
```

最后，管理员需要回到系统视图中，通过命令将 SSH 协议与刚刚创建的用户账户和认证密码关联起来。

```
[AR2]ssh user user1 authentication-type password
 Authentication type setted, and will be in effect next time
```

截至到这里，关于 SSH 服务器的配置已经全部完成，下面我们开始进行 HCNA 入门课程部分的最后一个测试环节。

3．SSH 的测试

下面，我们在 AR1 上通过命令“**stelnet** 目的地址”对 SSH 服务器 AR2 发起 SSH 连接。

```
[AR1]stelnet 12.1.1.2
Please input the username:user1
Trying 12.1.1.2 ...
Press CTRL+K to abort
Connected to 12.1.1.2 ...
Error: Failed to verify the server's public key.
Please run the command "ssh client first-time enable"to enable the first-time access function and try again.
```

在尝试连接 AR2 时，系统明确提示错误。错误的原因是“无法验证服务器的公钥(Failed to verify the server's public key)”，同时系统要求管理员“运行 **ssh client first-time enable** 这条命令，才能启用首次访问功能（Please run the command "ssh client first-time enable" to enable the first-time access function）”。

也就是说，在 SSH 客户端上不配置 **ssh client first-time enable** 这条命令，公钥就没有办法保存，这是一条 SSH 客户端上必不可少的配置命令：

```
[AR1]ssh client first-time enable
```

输入上述命令之后我们再次连接 SSH 服务器，即可看到系统询问我们：

是否保存服务器公钥？(Save the server's public key?)首次登陆时需要输入 y 进行保存，然后我们就成功地连接到了 SSH 服务器上。

```
[AR1]stelnet 12.1.1.2
Please input the username:user1
Trying 12.1.1.2 ...
Press CTRL+K to abort
Connected to 12.1.1.2 ...
The server is not authenticated. Continue to access it? (y/n)[n]:y
Jul 23 2015 16:09:22-05:13 R1 %%01SSH/4/CONTINUE_KEYEXCHANGE(l)[2]:The server had not been authenticated in the process of exchanging keys. When deciding whether to continue, the user chose Y.
[AR1]
Save the server's public key? (y/n)[n]:y
The server's public key will be saved with the name 12.1.1.2. Please wait...

Jul 23 2015 16:09:26-05:13 R1 %%01SSH/4/SAVE_PUBLICKEY(l)[3]:When deciding whether to
```

```
save the server's public key 12.1.1.2, the user chose Y.
        [AR1]
        Enter password:
        <AR2>
```

此外，管理员也可以在服务器上通过命令 **display ssh server status** 来查看 SSH 的状态，这条命令的输出信息如下。

```
[AR2]display ssh server status
SSH version                              :1.99
SSH connection timeout                   :60 seconds
SSH server key generating interval       :0 hours
SSH Authentication retries               :3 times
SFTP Server                              :Disable
Stelnet server                           :Enable
```

如上所示，这条命令可以显示 SSH 的版本，更重要的是，它可以显示 SSH 服务器功能是否已经启用。此外，管理员也可以使用命令 **display ssh server session** 来查看这台设备被 SSH 远程访问的情况，而且这条命令的输出信息也相当直观。

```
[R2]display ssh server session
 --------------------------------------------------------------------
 Conn     Ver    Encry       State   Auth-type          Username
 --------------------------------------------------------------------
 VTY 0    2.0    AES          run      password            user1
 --------------------------------------------------------------------
```

4.5　总结

本章介绍了四种应用层协议即 DHCP、FTP、Telnet 和 SSH 协议的配置方法。在 DHCP 实验（实验一）中，我们一共准备了三台华为路由器，除了演示充当客户端和服务器的路由器如何进行配置外，如何将一台华为路由器配置为 DHCP 中继，让它为不同网络的客户端转发 DHCP 消息也是实验一的重点之一。相比于第 1 章 VRP 系统升级与备份的实验中，让华为路由器充当 FTP 客户端的实验，本章 FTP 实验（实验二）的侧重点在于如何配置华为路由器，使其充当 FTP 服务器。Telnet 和 SSH 协议的目的都是实现对设备的远程管理，其中 SSH 协议会对通信的信息进行加密，因此推荐在一切情况下都使用 SSH 协议来远程管理设备。SSH 协议和 Telnet 协议中的被管理设备（即 SSH/Telnet 服务器）当然是配置的重点，而执行远程管理的客户端设备常常只是一台终端设备。当然，在本章的实验（实验三、实验四）中，我们依旧选择使用华为路由器来充当这两个协议的客户端。

下篇　HCNA 进阶课程实验

重点知识

- 第 5 章　交换技术进阶
- 第 6 章　广域网技术
- 第 7 章　常用安全技术

第 5 章　交换技术进阶

在之前的交换基础部分，我们对生成树协议进行了介绍。在进阶部分，我们会介绍所有其他要求考试在 HCNA 阶段掌握的交换技术，其中包括链路聚合技术、VLAN 技术、GVRP，以及 VLAN 间路由。这些虽然内容属于交换进阶课程中的内容，但是它们的原理并不比基础部分的更加复杂，它们的配置步骤也许会比生成树协议略多，但配置的逻辑相当直观。

在这一章中，我们会使用路由器来充当网络里的终端设备。但读者应当切记，本章的核心是交换机上使用的技术，因此读者应该分外留心交换机上的配置。

5.1　实验一：链路聚合技术

5.1.1　背景介绍

在学习 STP 这项技术的作用时，读者应当已经清楚：两台交换机之间用多条链路进行连接的环境存在包括广播风暴在内的诸多隐患，而 STP 的作用正是为了防止这些隐患最终成真，而从逻辑上阻塞其中的一个或几个端口。STP 采取的做法虽然可以消除环路问题，但却无法有效利用所有的物理链路——端口被阻塞会造成其相连链路的带宽被白白浪费。而链路聚合，顾名思义就是将两台交换机之间的多条链路从逻辑上绑定为一条链路来发送数据信息，而不通过阻塞其中某个端口的方式来防止环路，进而增加链路和带宽的使用效率。在这个实验中，我们将演示如何通过配置交换机，在逻辑上绑定链路。

5.1.2　实验目的

掌握在华为交换机上配置链路聚合的命令。

5.1.3　实验拓扑

本实验的拓扑环境如图 5-1 所示。

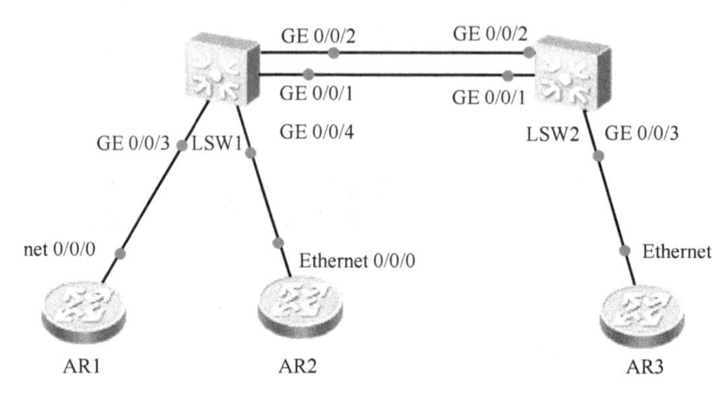

图 5-1　链路聚合及 VLAN 技术的拓扑环境

图 5-1 所示为一个由 2 台交换机（LSW1 和 LSW2）组成的交换网络。图中另有 3 台路由器，正如我们以上所述，它们会在这个网络中充当终端设备，其中 AR1 和 AR2 充当两台 PC，而 AR3 则模拟一台服务器。

在实验一中，我们的配置任务与路由器无关。这个实验的重点是捆绑 LSW1 和 LSW2 之间的两条链路。

5.1.4　实验环节

我们跳过对交换机进行命名的步骤，直接进入与主题相关的配置环节。

1．创建 ETH-TRUNK 接口

```
[LSW1]interface Eth-Trunk 1
[LSW2]interface Eth-Trunk 1
```

既然要对链路进行绑定，我们需要首先在交换机上使用“**interface Eth-Trunk** 接口编号”命令来创建绑定后的逻辑接口。

2．启用 BPDU 并将刚刚建立的接口配置为 LACP-STATIC 模式

```
[LSW1-Eth-Trunk1]bpdu enable
[LSW1-Eth-Trunk1]mode lacp-static
[LSW2-Eth-Trunk1]bpdu enable
[LSW2-Eth-Trunk1]mode lacp-static
```

下一步是在刚刚创建的接口视图中，通过命令 **bpdu enable** 为这个接口启用 BPDU，并且使用命令 **mode lacp-static** 将链路聚合接口的模式配置为 LACP-STATIC 模式。

注释：

BPDU 全称为桥协议数据单元，交换机之间交换管理平面的数据大都要依赖 BPDU。

3. 将相应的物理接口加入创建的逻辑接口中

```
[LSW1]interface GigabitEthernet 0/0/1
[LSW1-GigabitEthernet0/0/1]eth-trunk 1
[LSW1-GigabitEthernet0/0/1]quit
[LSW1]interface GigabitEthernet 0/0/2
[LSW1-GigabitEthernet0/0/2]eth-trunk 1
```

如图 5-1 中的拓扑所示，我们需要让 LSW1 的接口 GigabitEthernet 0/0/1 和 GigabitEthernet 0/0/2 加入这个刚刚创建的逻辑接口中，以实现接口捆绑的效果。要达到这种配置效果，需要进入物理接口的配置视图中，输入“**eth-trunk** 链路聚合接口编号”命令，让这个物理接口成为该链路聚合接口中的一个成员物理接口。在上面的配置中，我们将 LSW1 的接口 GigabitEthernet 0/0/1 和 GigabitEthernet 0/0/2 加入到了逻辑接口 Eth-Trunk 1 中。

下面我们当然也需要在 LSW2 上执行相同的操作。

```
[LSW2]interface GigabitEthernet 0/0/1
[LSW2-GigabitEthernet0/0/1]eth-trunk 1
[LSW2-GigabitEthernet0/0/1]quit
[LSW2]interface GigabitEthernet 0/0/2
[LSW2-GigabitEthernet0/0/2]eth-trunk 1
```

至此，链路聚合的配置已经完成，下面我们进行一下验证。

4. 链路聚合的验证

```
[LSW1]display eth-trunk
Eth-Trunk1's state information is:
Local:
LAG ID: 1                    WorkingMode: STATIC
Preempt Delay: Disabled      Hash arithmetic: According to SIP-XOR-DIP
System Priority: 32768       System ID: 4c1f-cc3c-c593
Least Active-linknumber: 1   Max Active-linknumber: 8
Operate status: up           Number Of Up Port In Trunk: 2
--------------------------------------------------------------------------------
ActorPortName          Status   PortType PortPri PortNo PortKey PortState Weight
GigabitEthernet0/0/1Selected 1000TG   32768   2      401    10111100  1
GigabitEthernet0/0/2Selected 1000TG   32768   3      401    10111100  1

Partner:
--------------------------------------------------------------------------------
ActorPortName          SysPri   SystemID        PortPri PortNo PortKey PortState
GigabitEthernet0/0/1   32768    4c1f-cc8e-9107  32768   2      401     10111100
```

```
GigabitEthernet0/0/2     32768     4c1f-cc8e-9107   32768     3       401      10111100
```

验证链路聚合最常用的命令就是上面的 **display eth-trunk**。这条命令可以显示出大量与链路聚合有关的信息，其中在本地（Local）部分，阴影部分显示了这个链路聚合接口的模式（STATIC），显示了捆绑在这个链路聚合接口中的两个物理接口；此外，这条命令还显示了链路聚合接口对端交换机（Partner）的相关情况。

注释：

在实验二中，我们会在本实验配置的基础上进行配置，亦请准备马上着手实验二配置的读者暂勿清除上面的配置。

5.2 实验二：VLAN 的配置

5.2.1 背景介绍

VLAN 技术的目的旨在将连接在同一台或一组交换机上的设备，按照网络规划划分到不同的虚拟局域网（VLAN），以实现二层隔离。这项实现逻辑二层隔离的技术几乎是交换机上使用最为普遍的技术，极少有企业网络不需要通过在交换机上配置 VLAN 来进行部署，因此 VLAN 的配置方法读者需要牢牢掌握。在这个实验中，我们会演示如何在华为交换机上配置 VLAN，并将接口划分到相应的 VLAN 当中。

5.2.2 实验目的

掌握如何在华为交换机上配置 VLAN，以及将接口划分进 VLAN 中；掌握如何在华为交换机上配置 Trunk 接口，并放行某些 VLAN 的流量通过 Trunk 接口。

5.2.3 实验拓扑

本实验将沿用图 5-1 所示的拓扑。

在这个实验中，我们会创建 2 个 VLAN，并将 AR1 连接的交换机接口（LSW1 的 GigabitEthernet 0/0/3）划分到 VLAN10 中，并将 AR2 和 AR3 连接的交换机接口（LSW1 的 GigabitEthernet 0/0/4 和 LSW2 的 GigabitEthernet 0/0/3）划分到 VLAN20 中。

当然，在 VLAN 实验中，为了验证连通性，我们会把那些扮演终端设备的路由器使用起来。

5.2.4　实验环节

我们在本实验中，会在实验一中配置的基础上进行配置，实验一中的配置我们不再重复。

1．创建 VLAN

```
[LSW1]vlan batch 10 20
[LSW2]vlan batch 10 20
```

将交换机接口划分进 VLAN 的第 1 步是创建 VLAN。因此，我们需要通过在系统视图中输入命令"**vlan batch** 新建 VLAN 编号"，在交换机上创建我们需要的 VLAN。

2．将交换机接口划分进相应的 VLAN

在创建好 VLAN 之后，我们先按照"实验拓扑"部分的叙述，将 LSW1 的 GigabitEthernet 0/0/3 和 GigabitEthernet 0/0/4 分别划分进 VLAN 10 和 VLAN 20 中。

```
[LSW1]interface GigabitEthernet 0/0/3
[LSW1-GigabitEthernet0/0/3]port link-type access
[LSW1-GigabitEthernet0/0/3]port default vlan 10
[LSW1-GigabitEthernet0/0/3]quit
[LSW1]interface GigabitEthernet 0/0/4
[LSW1-GigabitEthernet0/0/4]port link-type access
[LSW1-GigabitEthernet0/0/4]port default vlan 20
```

如上所示，将交换机接口划分到 VLAN 中，需要在接口配置视图中执行下面两项操作。

- 使用命令 **port link-type access** 将接口配置为接入（Access）模式，划分到 VLAN 中的接口必须为接口模式的接口。
- 使用命令"**port default vlan**（希望将这个接口划分进的）VLAN 编号"。

通过上面的配置，我们将 LSW1 的 GigabitEthernet 0/0/3 和 GigabitEthernet 0/0/4 分别划分进了 VLAN 10 和 VLAN 20。

下面我们来配置 LSW2，将它的 GigabitEthernet 0/0/3 接口划分到 VLAN 20 中。

```
[LSW2]interface GigabitEthernet 0/0/3
[LSW2-GigabitEthernet0/0/3]port link-type access
[LSW2-GigabitEthernet0/0/3]port default vlan 20
```

3．配置交换机之间相连的接口，放行相关 VLAN 的流量

显然，相同 VLAN 中的设备如果没有连接在一台交换机上（如 VLAN20 中的 AR2 和 AR3），那么它们之间的流量也必须通过交换机之间的端口进行转发，在本例中，AR2 和 AR3 之间的流量无疑需要通过 LSW1 和 LSW2 的逻辑接口 Eth-Trunk 1，也就是它们的物理接口 GigabitEthernet 0/0/1 和 GigabitEthernet 0/0/2 进行交换。为了让交换机之间的接口为各个 VLAN 转发流量，我们需要将这个接口配置为 trunk，并且放行相关 VLAN（本例中的

VLAN10 和 VLAN20）的流量。

```
[LSW1]interface Eth-Trunk 1
[LSW1-Eth-Trunk1]port link-type trunk
[LSW1-Eth-Trunk1]port trunk allow-pass vlan 10 20
[LSW2]interface Eth-Trunk 1
[LSW2-Eth-Trunk1]port link-type trunk
[LSW2-Eth-Trunk1]port trunk allow-pass vlan 10 20
```

如上所示，将交换机之间的接口配置为 trunk 接口并且让它转发各个 VLAN10 的流量也需要在接口配置视图中执行两项操作，它们分别是：

- 使用命令 **port link-type trunk** 将接口配置为干道（Trunk）模式，划分到 VLAN 中的接口必须为接口模式的接口。
- 使用命令"**port trunkallow-pass vlan**（希望将这个接口转发流量的）VLAN 编号"。

注意，如果不配置 **port trunk allow-pass vlan** 这条命令，默认 Trunk 接口只会放行 VLAN 1 的流量通过。

在完成上述配置之后，LSW1 和 LSW2 的 Eth-trunk 1 接口都已经工作在 Trunk 模式下，并且可以转发 VLAN 10 和 VLAN 20 的流量了。

下面我们介绍验证 VLAN 配置的方法。

4．VLAN 配置的验证

首先，管理员可以使用命令 **display vlan summary** 来显示交换机上目前已经存在哪些 VLAN。

```
[LSW1]display vlan summary
static vlan:
Total 3 static vlan.
  1 10 20
```

如上所示，目前 LSW1 上拥有 3 个 VLAN，它们分别是（默认的）VLAN 1，（我们刚刚配置的）VLAN 10 和 VLAN 20。

此外，管理员也可以去掉关键字 summary，也就是使用命令 **display vlan** 来查看交换机上 VLAN 与接口之间的对应关系及 VLAN 的详细信息。

```
[LSW1]display vlan
--------------------------------------------------------------------------------
1    common  UT:GE0/0/5(D)    GE0/0/6(D)     GE0/0/7(D)     GE0/0/8(D)
                GE0/0/9(D)    GE0/0/10(D)    GE0/0/11(D)    GE0/0/12(D)
                GE0/0/13(D)   GE0/0/14(D)    GE0/0/15(D)    GE0/0/16(D)
                GE0/0/17(D)   GE0/0/18(D)    GE0/0/19(D)    GE0/0/20(D)
                GE0/0/21(D)   GE0/0/22(D)    GE0/0/23(D)    GE0/0/24(D)
 Eth-Trunk1(U)
10   common  UT:GE0/0/3(U)
```

```
 TG:Eth-Trunk1(U)
20    common   UT:GE0/0/4(U)
TG:Eth-Trunk1(U)

VID   Status   Property        MAC-LRN Statistics Description
--------------------------------------------------------------------------------
1     enable   default         enable   disable     VLAN 0001
10    enable   default         enable   disable     VLAN 0010
20    enable   default         enable   disable     VLAN 0020
```

通过上面的输出信息可以看出，LSW1 上的 GE0/0/3 被划分进到 VLAN10，GE0/0/4 被划分进了 VLAN20，其余端口则默认仍处于 VLAN1 中。而 Eth-Trunk1 这个逻辑的链路聚合接口则参与了所有这 3 个 VLAN。当然，这条命令的输出信息中包含了命令 **display vlan summary** 提供的信息。

如果管理员只想查看各个接口的工作模式，以及它们所属的 VLAN，可以通过命令 **display port vlan** 来达到这个目的，如下所示。

```
[LSW1]display port vlan
Port                          Link Type  PVIDTrunk      VLAN List
--------------------------------------------------------------------------------
Eth-Trunk1                    trunk        1                  1 10 20
GigabitEthernet0/0/1          hybrid       0        -
GigabitEthernet0/0/2          hybrid       0        -
GigabitEthernet0/0/3          access       10       -
GigabitEthernet0/0/4          access       20       -
GigabitEthernet0/0/5          hybrid       1        -
```

5. 验证配置效果

为了验证配置效果，我们需要在与这两台交换机相连的 3 台路由器接口上配置同一个网络的 IP 地址，我们在此以网络 10.1.1.0/24 进行示范。

```
[AR1]interface Ethernet 0/0/0
[AR1-Ethernet0/0/0]ip address 10.1.1.1 255.255.255.0
[AR2]interface Ethernet 0/0/0
[AR2-Ethernet0/0/0]ip address 10.1.1.2 255.255.255.0
[AR3]interface Ethernet 0/0/0
[AR3-Ethernet0/0/0]ip address 10.1.1.3 255.255.255.0
```

如上所示，这 3 台路由器的接口地址目前处于同一个网络中。下面我们使用 ping 工具来测试配置的效果。

```
   [AR2]ping 10.1.1.3
PING 10.1.1.3: 56   data bytes, press CTRL_C to break
```

```
Reply from 10.1.1.3: bytes=56 Sequence=1 ttl=255 time=530 ms
Reply from 10.1.1.3: bytes=56 Sequence=2 ttl=255 time=80 ms
Reply from 10.1.1.3: bytes=56 Sequence=3 ttl=255 time=80 ms
Reply from 10.1.1.3: bytes=56 Sequence=4 ttl=255 time=100 ms
Reply from 10.1.1.3: bytes=56 Sequence=5 ttl=255 time=100 ms
```

如上所示，目前 AR2 已经可以 ping 通同一个 VLAN 中的终端设备 AR3 了。但 AR1 无法与 AR2 和 AR3 中的任何一台设备进行通信，因为它们在 2 层是相互隔离的，由此产生的效果就像 AR1 处于一个局域网中，而 AR2 和 AR3 处于另一个局域网中一样。

关于 AR1 无法 ping 通 AR2 和 AR3 的效果，读者可以自行进行测试。

注释：

在实验三中，我们会在本实验配置的基础上进行配置，亦请准备马上着手实验三配置的读者暂勿清除上面的配置。

5.3　实验三：杂合（Hybrid）接口的配置

5.3.1　背景介绍

华为交换机以太网接口共有三种链路类型：Access（接入模式）、Trunk（干道模式）和 Hybrid（杂合模式）。而在实验二中，我们已经介绍了前面两种类型。总体来说，工作在 Access 模式下的交换机接口只能属于 1 个 VLAN，一般用于连接计算机的端口；而 Trunk 模式的接口可以属于多个 VLAN，可以接收和发送多个 VLAN 的报文，一般用于交换机之间连接的端口。而 Hybrid 模式是一种比较特殊的模式。

Hybrid 模式的接口也可以属于多个 VLAN，也可以接收和发送多个 VLAN 的报文，这类接口既可以用来连接交换机，也可以用来连接终端设备。相比之下，Hybrid 模式和 Trunk 模式的相同之处在于两种链路类型的接口都可以允许多个 VLAN 的报文发送时打标签；不同之处在于 Hybrid 接口可以允许多个 VLAN 的报文发送时不打标签，而 Trunk 端口只允许默认 VLAN 的报文发送时不打标签。

简言之，Access 接口只连接到终端设备，此种类型的接口只能和相同 VLAN-ID 主机通信，连接到计算机，从计算机接收报文时打上标记，发送到计算机剥离标记；Trunk 接口常用于交换机之间的连接，可以接收和发送多个 VLAN-ID 标记的报文，即多种标签报文混合在 Trunk 管道上混传，只有允许的才可以发送和接收。发送和接收都携带报文标签。Hybrid 接口可以连接终端设备，也可以连接交换机。

在这个实验中，我们会介绍 Hybrid 接口最基本的配置与应用方法。在后面的实验中，我们会进一步通过更加深入的 Hybrid 实验演示这类接口的用法。

5.3.2　实验目的

掌握如何在将华为交换机的接口设置为 Hybrid 模式，实现这类接口所连设备（路由器 AR1 与 AR3）之间的通信。

5.3.3　实验拓扑

本实验将沿用图 5-1 所示的拓扑。

5.3.4　实验环节

我们在本实验中，会在实验二中配置的基础上进行配置。在实验三中，我们首先对实验二中被配置为 Access 模式接口的 LSW1 GigabitEthernet0/0/3 和 LSW2 GigabitEthernet0/0/3 进行修改，使其工作在 Hybrid 模式下。

1．将接口修改为 Hybrid 模式

```
[LSW1-GigabitEthernet0/0/3]undo port default vlan
[LSW1-GigabitEthernet0/0/3]port link-type hybrid
```

我们通过命令 **undo** 去掉之前分配给 LSW1 GigabitEthernet0/0/3 的 VLAN；接下来，我们再次使用命令 **port link-type** 将接口的链路类型修改为 Hybrid 模式。

下面我们在 LSW2 上也执行类似的操作。

```
[LSW2-GigabitEthernet0/0/3]undo port default vlan
[LSW2-GigabitEthernet0/0/3]port link-type hybrid
```

注意：

Trunk 端口不能直接被设置为 Hybrid 端口，只能先设为 Access 端口，再设置为 Hybrid 端口。

2．将接口划分到相应的 VLAN 中，并允许其接收其他 VLAN 的流量

```
[LSW1-GigabitEthernet0/0/3]port hybrid pvid vlan 10
[LSW1-GigabitEthernet0/0/3]port hybrid untagged vlan 10 20
```

如上所示，我们使用命令“**port hybrid pvid vlan** VLAN 编号”将这个 Hybrid 接口划分到了 VLAN 10 中。

接下来，为了保障 VLAN 10 中的设备可以和 VLAN 20 中的设备通信，我们又使用命令“**port hybrid untagged vlan** 允许的 VLAN 编号”将 VLAN 10 和 VLAN 20 添加到可以

与这个 Hybrid 接口通信的网络中。

接下来，我们用同样的方式将 LSW2 上刚刚修改为 Hybrid 模式的 GigabitEthernet0/0/3 划分到 VLAN 20 中，同时允许它与 VLAN 10 和 VLAN 20 进行通信。

```
[LSW2-GigabitEthernet0/0/3]port hybrid pvid vlan 20
[LSW2-GigabitEthernet0/0/3]port hybrid untagged vlan 10 20
```

完成配置之后，我们登录 AR1，看看它现在是否可以与 AR3 进行通信。

这里补充说明一个重要的关键字 **untagged**，其字面含义是“不打标的”。我们在本实验的“背景介绍”部分曾经对打标的概念一带而过，所谓“标（Tag）”是交换机赋予待转发数据的一种标记，其目的可以理解为区分从不同 VLAN 接收到的数据。由此可见，终端设备在发送数据时是不带“标”的，因此交换机显然也不该将带“标”的数据发送给终端设备。但如果一台向其他交换机转发的数据也不带“标”，对端交换机就会认为这是一个默认 VLAN 中的数据（见背景介绍部分）。所以，为了区分不同 VLAN 的数据，与其他交换机相连的接口应当保证除默认 VLAN 中的数据之外，其他数据都是带“标”的。简言之，如果一个 Hybrid 接口连接的是终端设备，那就应当将这个关键字设置为 **untagged**；反之，如果 Hybrid 接口连接的是其他交换机，这个关键字则基本应该设置为 **tagged**。第二种情况读者会在本章的实验五中遇到，敬请注意。

3. 验证配置效果

```
[AR1]ping 10.1.1.3
PING 10.1.1.3: 56  data bytes, press CTRL_C to break
  Reply from 10.1.1.3: bytes=56 Sequence=1 ttl=255 time=110 ms
  Reply from 10.1.1.3: bytes=56 Sequence=2 ttl=255 time=60 ms
  Reply from 10.1.1.3: bytes=56 Sequence=3 ttl=255 time=120 ms
  Reply from 10.1.1.3: bytes=56 Sequence=4 ttl=255 time=80 ms
  Reply from 10.1.1.3: bytes=56 Sequence=5 ttl=255 time=80 ms
```

如上所示，尽管 AR1 和 AR3 并不在一个 VLAN 中，但通过上面的配置，IP 地址属于同一个三层子网的它们已经可以建立通信了。

在实验四中，我们将通过更加复杂的实验需求来解释 Hybrid 接口的用法。

5.4　实验四：杂合（Hybrid）接口的简单应用

5.4.1　背景介绍

Hybrid 端口的应用比较灵活，主要为满足一些特殊应用需求。因为管理员可以通过

Hybrid 端口收发报文时特殊的处理机制，来实现对同一网段终端设备之间的二层访问控制。

在实验四和实验五中，我们不会涉及任何新的配置命令，只会利用前面刚刚介绍的配置命令来实现一些相对复杂的网络需求。因此，在这两个实验中，我们将彻底摒弃此前采用的那种分布实施、边讲边做的做法，而在实验拓扑部分就抛出所有的需求，读者应该首先结合自己的理论知识，以及本章前几个实验中介绍的实施方法，独立尝试实现并验证我们提出的需求，然后再参照我们的实验步骤环节，进行查漏补缺。

5.4.2 实验目的

深入理解和掌握 Hybrid 接口的应用与配置。

5.4.3 实验拓扑

实验四的拓扑如图 5-2 所示。

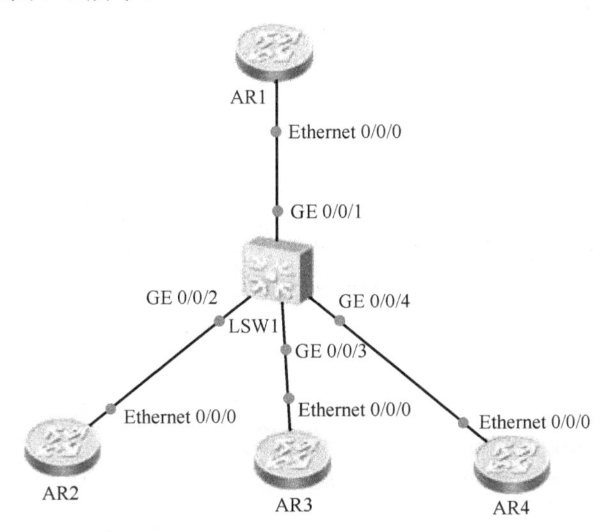

图 5-2　应用 Hybrid 接口的实验拓扑

说明：在图 5-2 所示的拓扑中，与 AR1 相连的交换机接口 GE0/0/1 属于 VLAN10；而与 AR2、AR3 和 AR4 相连的交换机接口 GE0/0/2、GE0/0/3 和 GE0/0/4 则分别属于 VLAN20、VLAN30 和 VLAN40；而图中四台路由器的配置分别为 AR1、AR2、AR3、AR4（设备命名的步骤与实验结果无关，在实验拓扑和实验解法中均不再重复演示）。

AR1：

```
[AR1]interface Ethernet 0/0/0
[AR1-Ethernet0/0/0]ip address 10.1.1.1 255.255.255.0
```

AR2：

```
[AR2]interface Ethernet 0/0/0
[AR2-Ethernet0/0/0]ip address 10.1.1.2 255.255.255.0
```

AR3：

```
[AR3]interface Ethernet 0/0/0
[AR3-Ethernet0/0/0]ip address 10.1.1.3 255.255.255.0
```

AR4：

```
[AR4-Ethernet0/0/0]
[AR4-Ethernet0/0/0]ip address 10.1.1.4 255.255.255.0
```

读者在继续阅读下面的实验解法之前，应首先独立配置 LSW1 来实现下列需求：

① AR2 和 AR3 可以互通。

② AR2 和 AR4 可以互通。

③ AR2、AR3 和 AR4 都可以与 AR1 互通。

④ 禁止其余的访问。

5.4.4　实验解法

```
[LSW1]vlan batch 10 20 30 40
```

```
[LSW1]interface GigabitEthernet 0/0/1
[LSW1-GigabitEthernet0/0/1]port hybrid pvid vlan 10
[LSW1-GigabitEthernet0/0/1]port hybrid untagged vlan 10 20 30 40
[LSW1-GigabitEthernet0/0/1]quit
[LSW1]interface GigabitEthernet 0/0/2
[LSW1-GigabitEthernet0/0/2]port hybrid pvid vlan 20
[LSW1-GigabitEthernet0/0/2]port hybrid untagged vlan 10 20 30 40
[LSW1-GigabitEthernet0/0/2]quit
[LSW1]interface GigabitEthernet 0/0/3
[LSW1-GigabitEthernet0/0/3]port hybrid pvid vlan 30
[LSW1-GigabitEthernet0/0/3]port hybrid untagged vlan 10 20 30
[LSW1-GigabitEthernet0/0/3]quit
[LSW1]interface GigabitEthernet 0/0/4
[LSW1-GigabitEthernet0/0/4]port hybrid pvid vlan 40
[LSW1-GigabitEthernet0/0/4]port hybrid untagged vlan 10 20 40
```

上述解法其实相当简单，不需要进行额外的说明，下面我们在路由器上验证配置的结果。

5.4.5 实验验证

首先，我们尝试在 AR1 上去 ping 所有设备，其结果应该是全部能够互通。

```
[AR1]ping -c 1 10.1.1.2
Reply from 10.1.1.2: bytes=56 Sequence=1 ttl=255 time=60 ms
[AR1]ping -c 1 10.1.1.3
Reply from 10.1.1.3: bytes=56 Sequence=1 ttl=255 time=90 ms
[AR1]ping -c 1 10.1.1.4
Reply from 10.1.1.4: bytes=56 Sequence=1 ttl=255 time=50 ms
```

上面的输出信息显示，AR1 可以 ping 通所有的设备；AR2 也应该能够 ping 通所有的设备，读者可以登录 AR2 进行测试，这里不再赘述。

接下来，为了验证 AR3 和 AR4 之间无法相互通信，我们可以登录这两台路由器中的任意一台，去 ping 另一台，结果如下所示：

```
[AR3]ping 10.1.1.4
PING 10.1.1.4: 56  data bytes, press CTRL_C to break
Request time out
Request time out
```

显然，AR3 和 AR4 之间无法相互通信，实验结果与需求一致。

下面，请读者通过实验五尝试一个更加复杂的 Hybrid 端口实验。

5.5 实验五：杂合（Hybrid）接口的复杂应用

5.5.1 实验拓扑

实验五的拓扑如图 5-3 所示。

说明：

① 在上图所示的拓扑中，与 AR1、AR2、AR3 相连的 LSW1 交换机接口 GE0/0/1、GE0/0/2 和 GE0/0/3 分别属于 VLAN10、VLAN20 和 VLAN30；而与 AR4、AR5 相连的 LSW2 交换机接口 GE0/0/4 和 GE0/0/5 则分别属于 VLAN10 和 VLAN20。

② LSW1 和 LSW2 通过各自的 GE0/0/10 相连。

③ 图 5-3 中五台路由器的配置分别如下所述（设备命名的步骤与实验结果无关，在实验拓扑和实验解法中均不再重复演示）。

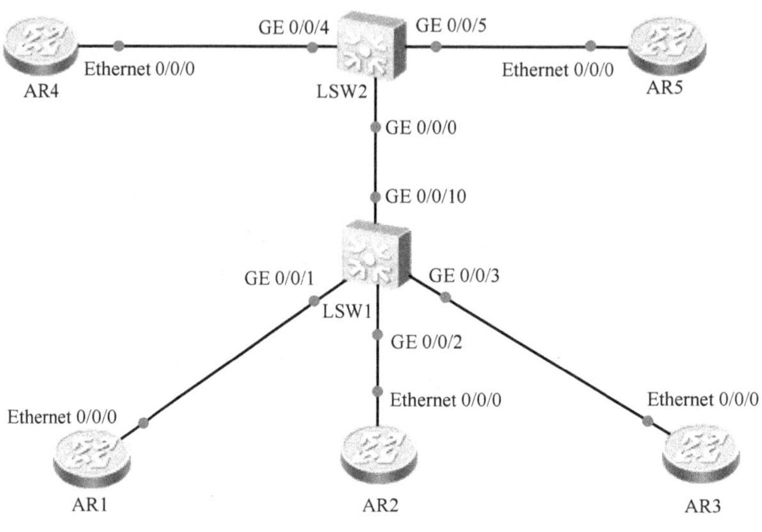

图 5-3　应用 Hybrid 接口的实验拓扑

AR1：

```
[AR1]interface Ethernet 0/0/0
[AR1-Ethernet0/0/0]ip address 10.1.1.1 255.255.255.0
```

AR2：

```
[AR2]interface Ethernet 0/0/0
[AR2-Ethernet0/0/0]ip address 10.1.1.2 255.255.255.0
```

AR3：

```
[AR3]interface Ethernet 0/0/0
[AR3-Ethernet0/0/0]ip address 10.1.1.3 255.255.255.0
```

AR4：

```
[AR4]interface Ethernet 0/0/0
[AR4-Ethernet0/0/0]ip address 10.1.1.4 255.255.255.0
```

AR5：

```
[AR5]interface Ethernet 0/0/0
[AR5-Ethernet0/0/0]ip address 10.1.1.5 255.255.255.0
```

读者在继续阅读下面的实验解法之前，应首先独立配置 LSW1 和 LSW2 来实现下列需求：

① LSW1 和 LSW2 的 GE0/0/10 不得使用 Trunk 模式。

② 处于同个 VLAN 中的设备可以互通。

③ AR1 和 AR3 可以互通。

④ AR2 和 AR3 可以互通。

⑤ 禁止其余的访问。

5.5.2　实验解法

```
[LSW1]vlan batch 10 20 30
[LSW1]interface GigabitEthernet 0/0/1
[LSW1-GigabitEthernet0/0/1]port hybrid pvid vlan 10
[LSW1-GigabitEthernet0/0/1]port hybrid untagged vlan 10 30
[LSW1-GigabitEthernet0/0/1]interface GigabitEthernet 0/0/2
[LSW1-GigabitEthernet0/0/2]port hybrid pvid vlan 20
[LSW1-GigabitEthernet0/0/2]port hybrid untagged vlan 20 30
[LSW1-GigabitEthernet0/0/2]interface GigabitEthernet 0/0/3
[LSW1-GigabitEthernet0/0/3]port hybrid pvid vlan 30
[LSW1-GigabitEthernet0/0/3]port hybrid untagged vlan 10 20 30
[LSW1-GigabitEthernet0/0/3]interface GigabitEthernet 0/0/10
[LSW1-GigabitEthernet0/0/10]port hybrid tagged vlan 10 20

[LSW2]vlan batch 10 20
[LSW2]interface GigabitEthernet 0/0/4
[LSW2-GigabitEthernet0/0/4]port hybrid pvid vlan 10
[LSW2-GigabitEthernet0/0/4]port hybrid untagged vlan 10
[LSW2-GigabitEthernet0/0/4]interfaceGigabitEthernet 0/0/5
[LSW2-GigabitEthernet0/0/5]port hybrid pvid vlan 20
[LSW2-GigabitEthernet0/0/5]port hybrid untagged vlan 20
[LSW2-GigabitEthernet0/0/5]interface GigabitEthernet 0/0/10
[LSW2-GigabitEthernet0/0/10]port hybrid tagged vlan 10 20
```

实验五的重点是两台交换机 GE0/0/10 接口的设置，不了解为什么要将关键字设置为 tagged 的读者需要复习实验三第 2 个环节下面的解释。

下面我们进行测试。

5.5.3　实验验证

首先，我们先来测试同一个 VLAN 中的设备是否能够 ping 通，先用 AR1 去 ping AR4，因为它们都属于 VLAN 10。

```
<AR1>ping -c 1 10.1.1.4
Reply from 10.1.1.4: bytes=56 Sequence=1 ttl=255 time=140 ms
```

成功！接下来用 AR2 去 ping AR5，它们都处于 VLAN 20 中。

```
<AR2>ping -c 1 10.1.1.5
Reply from 10.1.1.5: bytes=56 Sequence=1 ttl=255 time=100 ms
```

接下来，我们测试 AR1、AR2 是否都能够和 AR3 互通：

```
<AR3>ping -c 1 10.1.1.1
Reply from 10.1.1.1: bytes=56 Sequence=1 ttl=255 time=40 ms
```

AR1 没有问题，接下来测试 AR2。

```
<AR3>ping -c 1 10.1.1.2
Reply from 10.1.1.2: bytes=56 Sequence=1 ttl=255 time=60 ms
```

全部测试成功，至于那些不该能够相互通信的设备，我们不再一一测试，相信读到这里的读者已经实现对配置结果的测试。

5.6 实验六：GVRP 的配置

5.6.1 背景介绍

在拥有众多交换机的网络环境中，管理员逐个交换机配置 VLAN 的做法效率显然很低。而 GVRP 技术可以让交换机在网络中向其他交换机传播 VLAN 信息，因此这项技术可以提高管理员配置 VLAN 的效率。简言之，这项技术可以在交换网络中同步 VLAN 的配置。

在下面的实验中，我们会演示如何在华为交换机上配置 GVRP 技术。

5.6.2 实验目的

了解与 GVRP 相关的配置。

5.6.3 实验拓扑

实验六的拓扑如图 5-4 所示。

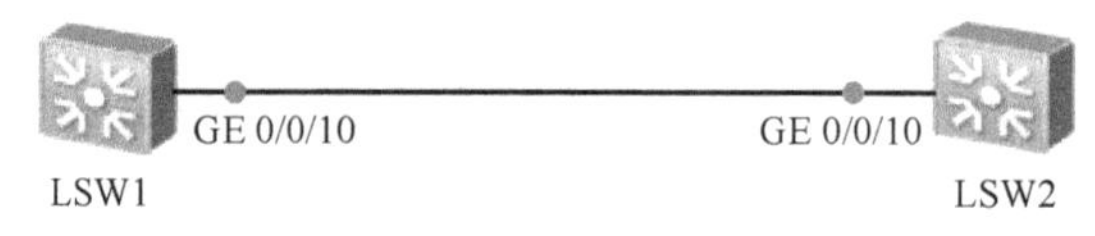

图 5-4　GVRP 实验拓扑

如上所示，这个拓扑中仅包含了两台交换机 LSW1、LSW2，这两台交换机通过它们的 GE0/0/10 相连。这是一个最简单的交换网络，针对 GVRP 的实验也没有必要使用复杂的网络环境，更不必引入三层的元素。

5.6.4　实验环节

1. 配置 Trunk 接口

显然，两台交换机无论通过什么方式同步 VLAN 信息，这些信息都只能通过它们之间的这条链路进行传播，所以我们应该首先将它们彼此相连的两个接口配置为 Trunk 接口，并且允许这个接口传输所有 VLAN 的数据，其具体的配置如下。

```
[LSW1]interface GigabitEthernet 0/0/10
[LSW1-GigabitEthernet0/0/10]port link-type trunk
[LSW1-GigabitEthernet0/0/10]port trunk allow-pass vlan all
[LSW2]interface GigabitEthernet 0/0/10
[LSW2-GigabitEthernet0/0/10]port link-type trunk
[LSW2-GigabitEthernet0/0/10]port trunk allow-pass vlan all
```

2. 启用 GVRP

下一步是在两台交换机上，使用系统视图中的命令 **gvrp** 命令来启用 GVRP，如下：

```
[LSW1]gvrp
[LSW2]gvrp
```

在配置之后，管理员可以使用命令 **display gvrp status** 来查看 GVRP 是否已经启用。该命令的输出信息如下所示。

```
[LSW1]display gvrp status
 Info: GVRP is enabled
[LSW2]display gvrp status
 Info: GVRP is enabled
```

如上所示，GVRP 在这两台交换机都已经启用了，下一步是配置这两台交换机的接口。

3. GVRP 的接口配置

GVRP 接口的配置工作分以下三步：

① 使用命令 **gvrp** 启用 GVRP。

② 使用命令“**gvrp registration** 接口 GVRP 模式”来指定该接口的 GVRP 工作模式。其中，Fixed（固定）模式的接口不会从相邻交换机那里学习 VLAN 信息，而 Normal（正常）模式的接口则会按照相邻交换机发来的消息更新自己的 VLAN 数据库。

③ 使用命令 **bpdu enable** 启用 BPDU，因为交换机之间交换 GVRP 需要使用 BPDU。

在本例中，我们在 LSW1 中进行的配置如下：

```
[LSW1]interface GigabitEthernet 0/0/10
[LSW1-GigabitEthernet0/0/10]gvrp
[LSW1-GigabitEthernet0/0/10]gvrp registration fixed
```

```
[LSW1-GigabitEthernet0/0/10]bpdu enable
```

同时，我们在 LSW2 上进行如下配置：

```
[LSW2]interface GigabitEthernet 0/0/10
[LSW2-GigabitEthernet0/0/10]gvrp
[LSW2-GigabitEthernet0/0/10]gvrp registration normal
[LSW2-GigabitEthernet0/0/10]bpdu enable
```

根据上面的配置，我们可以看出这两台交换机之间应该执行如下的同步：在 LSW1 上配置的 VLAN 应该可以同步给 LSW2，因为 LSW2 的 GE0/0/10 接口工作在 Normal 模式下；但反过来，在 LSW2 上配置的 VLAN 应该不能同步给 LSW1，因为 LSW1 的 Trunk 接口工作在 GVRP 的 Fixed 模式下。

查看交换机 GVRP 数据，可以使用命令 **display gvrp statistics** 来实现，如下所示：

```
[LSW1]display gvrp statistics
GVRP statistics on port GigabitEthernet0/0/10
GVRP status                          : Enabled
GVRP registrations failed            : 0
GVRP last PDU origin                 : 4c1f-cc79-f2f6
GVRP registration typ                : Fixed
```

如上所示，LSW1 的 G0/0/10 接口启用了 GVRP 协议，且该接口的工作模式为 Fixed。

LSW2 使用该命令，可以获得下面的输出信息：

```
[LSW2]display gvrp statistics
GVRP statistics on port GigabitEthernet0/0/10
GVRP status                          : Enabled
GVRP registrations failed            : 0
GVRP last PDU origin                 : 4c1f-cc05-446e
GVRP registration type               : Normal
```

相应地，LSW2 上的 G0/0/10 接口则工作在 GVRP 的 Normal 模式下。

这说明我们的配置应该没有问题，下面我们通过添加 VLAN 来验证配置的效果。

4．验证配置效果

首先，我们在 SW1 上创建三个 VLAN：

```
[LSW1]vlan batch 10 100 200
Info: This operation may take a few seconds. Please wait for a moment...done.
```

创建完成后，我们先在 LSW1 上查看这 3 个 VLAN 是否已经存在于 LSW1 本地：

```
[LSW1]display vlan summary
static vlan:
Total 4 static vlan.
1 10 100 200
```

```
dynamic vlan:
Total 0 dynamic vlan.
reserved vlan:
Total 0 reserved vlan.
```

可以看到，LSW1 上除了默认的 VLAN1 之外，多了我们刚刚创建的 3 个 VLAN，也就是 VLAN10、VLAN100 和 VLAN200。由于这 3 个 VLAN 都是我们手动创建的，因此它们都属于静态 VLAN（Static VLAN）。那么，LSW2 上是否也同步出现了这 3 个 VLAN 呢？我们来通过同一条命令查看一下：

```
[LSW2]display vlan summary
static vlan:
Total 1 static vlan.
  1
dynamic vlan:
Total 3 dynamic vlan.
10 100 200
reserved vlan:
Total 0 reserved vlan.
```

如上所示，LSW2 的 VLAN 数据库也同步到了这 3 个 VLAN，而且这 3 个 VLAN 在 LSW2 的 VLAN 数据中被列为动态 VLAN（Dynamic VLAN）。

下面我们在 LSW2 上创建一个 VLAN，看看 LSW1 能否学到。

```
[LSW2]vlan 300
[LSW2]display vlan summary
static vlan:
Total 2 static vlan.
1 300
dynamic vlan:
Total 3 dynamic vlan.
10 100 200
reserved vlan:
Total 0 reserved vlan.
```

如上所示，LSW2 的静态 VLAN 中多了我们刚刚添加的 VLAN300，下面我们去 LSW1 上查看配置的效果。

```
[LSW1]display vlan summary
static vlan:
Total 4 static vlan.
1 10 100 200
dynamic vlan:
Total 0 dynamic vlan.
```

```
reserved vlan:
Total 0 reserved vlan.
```

然而，由于 LSW1 的 G0/0/10 为 Fixed 模式，因此 LSW1 并没有在动态 VLAN 列表中添加我们在 LSW2 上添加的 VLAN300。下面，我们将 SW1 的 G0/0/10 修改为 Normal 模式，然后再去查看 LSW1 中的 VLAN。

```
[LSW1]interface GigabitEthernet 0/0/10
[LSW1-GigabitEthernet0/0/10]gvrp registration normal
[LSW1-GigabitEthernet0/0/10]quit
[LSW1]display vlan summary
static vlan:
Total 4 static vlan.
1 10 100 200
dynamic vlan:
Total 1 dynamic vlan.
300
reserved vlan:
Total 0 reserved vlan.
```

如上所示，在将 G0/0/10 接口修改为 Normal 模式之后，LSW1 也动态获得了 LSW2 上配置的 VLAN。

上面的实验充分展示了 GVRP 协议的配置效果。下面我们来介绍 HCNA 课程与交换部分有关的最后一个环节：VLAN 间路由。

5.7 实验七：VLAN 间路由

5.7.1 背景介绍

VLAN 可以将连接在同一台二层交换机上的设备隔离在不同的 VLAN 中。此时，这些处于不同 VLAN 中的设备如果要想相互通信，就必须像不同局域网中的设备之间需要进行通信时那样，借助路由器来连接这些不同的网络（VLAN），为这些 VLAN 间的流量执行路由转发，这就叫作通过“VLAN 间路由”实现通信。上述这种环境在理论上很容易理解，但是在实施时却会遇到一些问题。比如，路由器与交换机之间可否只通过一个接口进行连接；再比如，如何配置路由器与交换机相连链路两端的（路由器与交换机）接口。

在本实验中，我们会通过单臂路由（二层交换机与路由器之间只通过一条链路进行连接）的环境，来介绍如何通过配置华为路由器和交换机来达成上述需求。尽管单臂路由的设计方案已经不像过去那么常用，但了解单臂路由的配置方法之后，类似环境的配置方法读者也可以轻松掌握。

5.7.2　实验目的

掌握 VLAN 间路由（单臂路由环境）的配置方法。

5.7.3　实验拓扑

本实验的拓扑如图 5-5 所示。

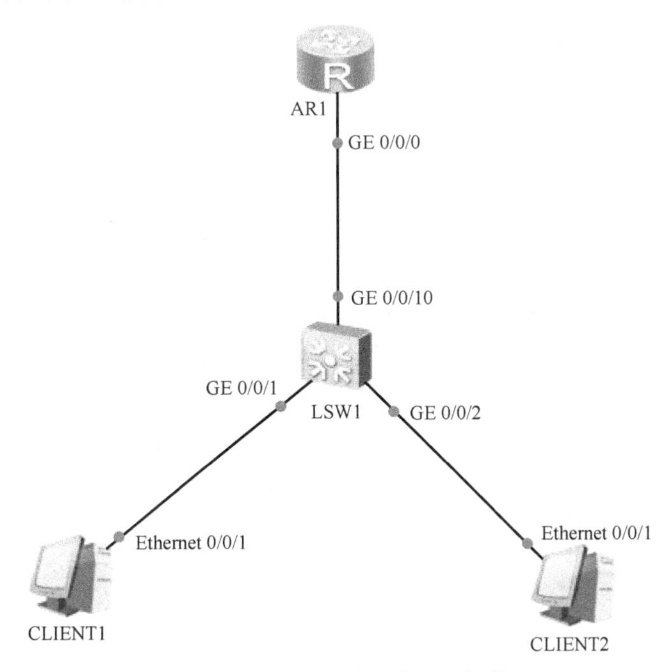

图 5-5　VLAN 间路由的配置拓扑

在图 5-5 中，我们将 LSW1 作为一台纯二层的交换机来使用，这台交换机分别用自己的 GE0/0/1 和 GE0/0/2 连接了两台计算机，并且通过将这两个端口划分到不同的 VLAN（VLAN 10 和 VLAN 20）中，对这两台计算机所在的网络进行了隔离。除此之外，这台交换机还通过自己的 GE0/0/10 连接到了路由器 AR1。

我们期待实现的功能是，让这两台处于不同 VLAN 中的计算机通过路由器 AR1 来完成数据通信。

5.7.4 实验环节

1. 基础配置

首先，我们在交换机上创建出 VLAN 10 和 VLAN 20 这两个 VLAN。

```
[LSW1]vlan batch 10 20
```

接下来，我们把接口划分到相应的 VLAN 当中。

```
[LSW1]interface GigabitEthernet 0/0/1
[LSW1-GigabitEthernet0/0/1]port link-type access
[LSW1-GigabitEthernet0/0/1]port default vlan 10
[LSW1-GigabitEthernet0/0/1]interface GigabitEthernet 0/0/2
[LSW1-GigabitEthernet0/0/2]port link-type access
[LSW1-GigabitEthernet0/0/2]port default vlan 20
```

下面我们可以验证一下 VLAN 的配置。

```
[LSW1]display vlan
The total number of vlans is : 3
--------------------------------------------------------------------------------
U: Up;          D: Down;          TG: Tagged;          UT: Untagged;
MP: Vlan-mapping;                 ST: Vlan-stacking;
#: ProtocolTransparent-vlan;    *: Management-vlan;
--------------------------------------------------------------------------------
VID  Type     Ports
--------------------------------------------------------------------------------
1    common   UT:GE0/0/3(D)     GE0/0/4(D)     GE0/0/5(D)     GE0/0/6(D)
                 GE0/0/7(D)     GE0/0/8(D)     GE0/0/9(D)     GE0/0/10(U)
                 GE0/0/11(D)    GE0/0/12(D)    GE0/0/13(D)    GE0/0/14(D)
                 GE0/0/15(D)    GE0/0/16(D)    GE0/0/17(D)    GE0/0/18(D)
                 GE0/0/19(D)    GE0/0/20(D)    GE0/0/21(D)    GE0/0/22(D)
                 GE0/0/23(D)    GE0/0/24(D)
10   common   UT:GE0/0/1(U)
20   common   UT:GE0/0/2(U)
```

下面，我们在两台计算机（CLIENT1 和 CLIENT2）上分别配置 IP 地址，如图 5-6 和图 5-7 所示。当然，它们的 IP 地址不应该处于同一个网络中。

除了 IP 之外，在这两台主机上还需要配置网关地址，这个网关地址当然应该是主机（跨越交换机）连接的路由器接口 IP 地址。至于路由器如何用一个接口来充当两个不同网络中主机的网关，我们会在下一个环节中介绍。

CLIENT1

基础配置　命令行　组播　UDP发包工具

主机名：

MAC 地址：54-89-98-E5-4A-81

IPv4 配置

静态　DHCP　自动获取 DNS 服务器地址

IP 地址：10 . 1 . 1 . 1　DNS1：0 . 0 . 0 . 0

子网掩码：255 . 255 . 255 . 0　DNS2：0 . 0 . 0 . 0

网关：10 . 1 . 1 . 254

IPv6 配置

静态　DHCPv6

IPv6 地址：::

前缀长度：128

IPv6 网关：::

应用

图 5-6　为 CLIENT1 配置 IP 地址、掩码和网关

CLIENT2

基础配置　命令行　组播　UDP发包工具

主机名：

MAC 地址：54-89-98-C3-30-3A

IPv4 配置

静态　DHCP　自动获取 DNS 服务器地址

IP 地址：20 . 1 . 1 . 1　DNS1：0 . 0 . 0 . 0

子网掩码：255 . 255 . 255 . 0　DNS2：0 . 0 . 0 . 0

网关：20 . 1 . 1 . 254

IPv6 配置

静态　DHCPv6

IPv6 地址：::

前缀长度：128

IPv6 网关：::

应用

图 5-7　为 CLIENT1 配置 IP 地址、掩码和网关

目前，由于这二台 CLIENT 位于不同的 VLAN 中，所以它们之间是无法通信的，如图 5-8 所示。

```
PC>ping 20.1.1.1

Ping 20.1.1.1: 32 data bytes, Press Ctrl_C to break
From 10.1.1.1: Destination host unreachable
From 10.1.1.1: Destination host unreachable
From 10.1.1.1: Destination host unreachable
From 10.1.1.1: Destination host unreachable
From 10.1.1.1: Destination host unreachable

--- 10.1.1.254 ping statistics ---
  5 packet(s) transmitted
  0 packet(s) received
  100.00% packet loss

PC>
```

图 5-8　两台 PC 在默认情况下无法通信

下一步是这个实验的重点，也就是如何配置路由器与交换机之间这条链路两端的接口。

2. 单臂路由的配置

我们先从交换机上的配置说起。由于交换机上和路由器相连的接口需要能够传输 VLAN 10 和 VLAN 20 的流量，因此这个接口必须工作在 Trunk 模式下，而且必须允许它传输 VLAN 10 和 VLAN 20 的流量，具体的配置如下所示。

```
[LSW1]interface GigabitEthernet 0/0/10
[LSW1-GigabitEthernet0/0/10]port link-type trunk
[LSW1-GigabitEthernet0/0/10]port trunk allow-pass vlan 10 20
```

配置完成后，我们可以通过命令 **display port vlan** 来查看一下配置的结果。

```
[LSW1]display port vlan
----省略----
GigabitEthernet0/0/10     trunk          1        1 10 20
```

如上所示，目前 GE0/0/10 接口的工作模式为 Trunk，并且允许 VLAN1、VLAN10 和 VLAN20 通过。

接下来我们讨论路由器上的配置。

路由器如何用一个接口来充当两个不同网络中主机的网关呢？在此我们需要在这个物理接口中创建出两个虚拟的子接口，一个用来与 VLAN 10 中的主机通信，充当它的网关（即将该子接口的地址配置为 CLIENT1 的网关地址）；另一个则用来与 VLAN 20 中的主机通信并充当网关（即将该子接口的地址配置为 CLIENT2 的网关地址）。

除了配置 IP 地址之外，为了让两台主机进行通信，子接口上还需要：

- 使用命令“**dot1q termination vid** VLAN 编号”启用 dot1q 协议，允许其接收相应 VLAN 的流量。（因为这个子接口连接的是一台交换机的 Trunk 接口）
- 使用命令 **arp broadcast enable** 在子接口下启用 ARP 广播功能，让子接口可以通过发送 ARP 广播来请求目的 IP 地址所对应的 MAC 地址。

具体配置如下：

```
[AR1]interface GigabitEthernet 0/0/0.10
[AR1-GigabitEthernet0/0/0.10]dot1q termination vid 10
[AR1-GigabitEthernet0/0/0.10]ip address 10.1.1.254 24
[AR1-GigabitEthernet0/0/0.10]arp broadcast enable
[AR1]interface GigabitEthernet 0/0/0.20
[AR1-GigabitEthernet0/0/0.20]dot1q termination vid 20
[AR1-GigabitEthernet0/0/0.20]ip address 20.1.1.254 24
[AR1-GigabitEthernet0/0/0.20]arp broadcast enable
```

完成上述配置之后，整个实验的配置工作其实就已经完成。目前，这个网络的逻辑拓扑是，CLIENT1 与 AR1 的 GE0/0/0.10 相连，CLIENT2 与 AR2 的 GE0/0/0.20 相连，VLAN 10 和 VLAN 20 都是 AR1 的直连网络，因此 AR1 上并不需要配置任何路由条目。

当我们再次回到主机上进行测试时，就会发现目前两台主机之间已经可以进行通信了，如图 5-9 所示。

```
PC>ping 20.1.1.1

Ping 20.1.1.1: 32 data bytes, Press Ctrl_C to break
Request timeout!
From 20.1.1.1: bytes=32 seq=2 ttl=127 time=63 ms
From 20.1.1.1: bytes=32 seq=3 ttl=127 time=63 ms
From 20.1.1.1: bytes=32 seq=4 ttl=127 time=78 ms
From 20.1.1.1: bytes=32 seq=5 ttl=127 time=63 ms

--- 20.1.1.1 ping statistics ---
  5 packet(s) transmitted
  4 packet(s) received
  20.00% packet loss
  round-trip min/avg/max = 0/66/78 ms

PC>
```

图 5-9　通过 VLAN 间（直连）路由建立不同 VLAN 主机之间的通信

5.8 总结

HCNA 进阶课程中涉及的交换技术包含的内容要比基础部分丰富得多，但都极为常用，内容涉及链路聚合技术、VLAN 技术、GVRP 协议，以及 VLAN 间路由等。此外，在 VLAN 技术所涉及的内容当中，Hybrid 端口的原理与应用是一个稍微有些复杂的主题。为了便于读者理解，本章不仅通过一个简单的实验解释了它的功能，还专门通过另外两个实验演示了 Hybrid 端口在单个交换机和多交换机环境中的应用。

第 6 章　广域网技术

在入门部分的章节中，我们所涉及的所有路由器接口配置及配置的对象都是不同速率的以太网接口，而并没有介绍如何配置能够提供更远传输距离的串行（Serial）接口，后者常常用于建立广域网连接。在这一章中，我们不仅会演示包括 HDLC、帧中继、PPP 在内的几种广域网封装协议的配置方法，还会介绍如何通过华为路由器来实现 NAT（网络地址转换）技术。

6.1　实验一：HDLC 的配置

6.1.1　背景介绍

HDLC 全称叫作“高级数据链路控制”，是一种数据链路层的协议。这种协议定义了传输数据的信息帧、对传输过程进行把关的监控帧，以及用来对链路实施建立、拆除等控制的无编号帧三种数据帧。这三种数据帧的区别在于 HDLC 数据帧控制（Control）字段的结构。

HDLC 的理论知识基本可以概括为上面一段文字，它的配置也异常简单，下面我们来演示如何配置路由器的串行接口，才能让这条串行链路的两端通过 HDLC 来封装数据帧并正确传输信息。

6.1.2　实验目的

掌握 HDLC 的基本配置及借用环回口地址的配置方法。

6.1.3　实验拓扑

HDLC 的实验拓扑如图 6-1 所示。

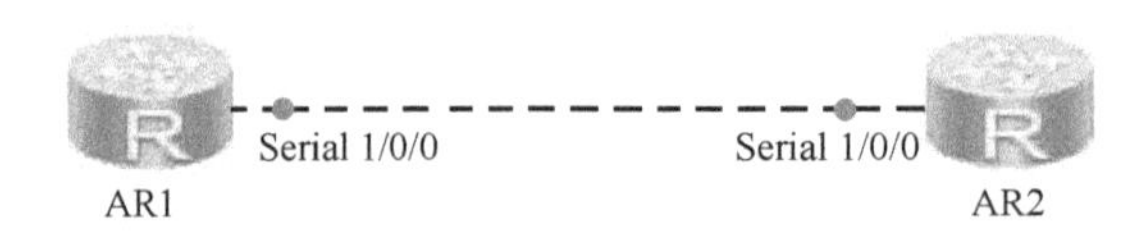

图 6-1　HDLC 的实验拓扑

由于 HDLC 是一种链路层协议，因此它的实验拓扑基本也不可能涉及很多网段。在这个实验中，我们使用的是最为简单的拓扑，其中只包含了两台路由器 AR1 和 AR2，这两台路由器通过它们的 Serial 1/0/0 口相连。

在实验的第 3 个环节中，我们会为了测试借用环回地址接口的实验，而在路由器上创建环回接口，但这也会只让拓扑变得稍微复杂一点。

6.1.4　实验环节

1．基本的 HDLC 配置

让串行接口为数据帧在链路层封装 HDLC，需要在串行接口的接口配置视图中输入命令 **link-protocol hdlc**，然后再给接口配置上 IP 地址即可。链路两端都这样配置，工作就完成了，就是这么简单。

我们先来配置 AR1：

```
[AR1]interface Serial 1/0/0
[AR1-Serial1/0/0]link-protocol hdlc
Warning: The encapsulation protocol of the link will be changed. Continue? [Y/N]:y
[AR1-Serial1/0/0]ip address 12.1.1.1 255.255.255.0
```

在输入 **link-protocol hdlc** 这条命令后，系统会提示管理员，链路的封装协议会被修改，询问是否确定，输入 **y** 之后，系统就会执行操作。

> **注释：**
> 如果不输入 **link-protocol hdlc** 这条命令，串行接口默认封装的是我们稍后即将介绍的 PPP 协议。

下面我们在 AR2 上执行相应的操作，同时给它的接口配置上同一个网段的地址。

```
[AR2]interface Serial 1/0/0
[AR2-Serial1/0/0]link-protocol hdlc
Warning: The encapsulation protocol of the link will be changed. Continue? [Y/N]:y
[AR2-Serial1/0/0]ip address 12.1.1.2 255.255.255.0
```

完成配置后，我们进行测试。

```
[AR1-Serial1/0/0]ping 12.1.1.2
  PING 12.1.1.2: 56    data bytes, press CTRL_C to break
```

```
Reply from 12.1.1.2: bytes=56 Sequence=1 ttl=255 time=10 ms
Reply from 12.1.1.2: bytes=56 Sequence=2 ttl=255 time=30 ms
Reply from 12.1.1.2: bytes=56 Sequence=3 ttl=255 time=10 ms
Reply from 12.1.1.2: bytes=56 Sequence=4 ttl=255 time=10 ms
Reply from 12.1.1.2: bytes=56 Sequence=5 ttl=255 time=1 ms
```

两端通信正常，我们可以通过 display 命令查看一下串行接口的状态，再次确认这个接口封装的确实是 HDLC。

```
[AR1]display interface Serial1/0/0
Serial1/0/0 current state : UP
Line protocol current state : UP
Last line protocol up time : 2015-07-24 13:15:49 UTC-05:13
Description:HUAWEI, AR Series, Serial1/0/0 Interface
Route Port,The Maximum Transmit Unit is 1500, Hold timer is 10(sec)
Internet Address is 12.1.1.1/24
Link layer protocol is nonstandard HDLC
```

如上所示，关于 HDLC 的基本配置已经完成，下面我们来进行一个稍微复杂一点的实验。

2. 借用环回接口的配置

封装为 HDLC 的串行接口可以借用环回接口的地址来与对端进行通信。为了完成这个实验，我们首先在路由器 AR1 上配置一个环回接口地址。

```
[AR1]interface LoopBack 0
[AR1-LoopBack0]ip address 1.1.1.1 255.255.255.255
```

下一步，我们需要在 AR1 的 S1/0/0 接口上，将它的 IP 地址配置为借用某环回接口的地址。这需要在接口配置视图中输入命令“**ip address unnumbered interface Loopback** 环回接口编号”来实现。

```
[AR1]int Serial1/0/0
[AR1-Serial1/0/0]ip address unnumbered interface LoopBack 0
```

显然，AR2 并不知道怎么到达 1.1.1.1/32 这个网络的地址，所以我们需要在 AR2 上配置一条去往该地址的静态路由。

```
[AR2]ip route-static 1.1.1.1 255.255.255.255 Serial 1/0/0
```

下面，我们来测试一下 AR2 能否 ping 通这个地址。

```
[AR2]ping 1.1.1.1
  PING 1.1.1.1: 56  data bytes, press CTRL_C to break
    Reply from 1.1.1.1: bytes=56 Sequence=1 ttl=255 time=10 ms
    Reply from 1.1.1.1: bytes=56 Sequence=2 ttl=255 time=20 ms
    Reply from 1.1.1.1: bytes=56 Sequence=3 ttl=255 time=10 ms
```

```
Reply from 1.1.1.1: bytes=56 Sequence=4 ttl=255 time=20 ms
Reply from 1.1.1.1: bytes=56 Sequence=5 ttl=255 time=10 ms
```

下面我们再回到 AR1 上，查看一下 S1/0/0 这个接口目前使用的地址。

```
[AR1]display interface Serial1/0/0
Serial1/0/0 current state : UP
Line protocol current state : UP
Last line protocol up time : 2015-07-24 13:15:49 UTC-05:13
Description:HUAWEI, AR Series, Serial1/0/0 Interface
Route Port,The Maximum Transmit Unit is 1500, Hold timer is 10(sec)
Internet Address is unnumbered, using address of LoopBack0(1.1.1.1/32)
Link layer protocol is nonstandard HDLC
```

如上所示，这个接口目前使用的正是 LoopBack0 接口的 IP 地址 1.1.1.1/32。

6.2　实验二：PPP 认证的配置

6.2.1　背景介绍

PPP 是一种链路层协议，用来在全双工的异步链路上完成点到点的传输。PPP 协议由 LCP 和 NCP 两部分组成，其中 LCP 负责数据链路的建立、拆除和监控，而 NCP 则用于对不同的网络层（上层）协议进行连接建立和参数协商。

前面我们已经介绍过，华为路由器串行接口的默认封装协议就是 PPP。因此，只以通信为目的将接口配置为 PPP 封装的方法过于简单，完全没有专门进行演示的必要。在下面的 PPP 实验中，我们将会把重点放在如何配置 PPP 认证这一点上。

6.2.2　实验目的

掌握 PPP 认证的配置方法。

6.2.3　实验拓扑

在实验二中，我们会沿用图 6-1 所示的拓扑。

在认证的环节中，AR1 担任被认证设备，AR2 担任认证设备。

当然，在实验一中所做的配置需要在实验二开始之前清除。

6.2.4　实验环节

1．基本的 PPP 配置

首先我们先来配置 AR1。

```
[AR1]interface Serial 1/0/0
[AR1-Serial1/0/0]link-protocol ppp
[AR1-Serial1/0/0]ip address 12.1.1.1 255.255.255.0
```

显然，除了封装的协议由 HDLC 改为了 PPP 之外，其他配置与配置 HDLC 没有任何区别。而且，由于华为路由器串行接口默认的封装协议就是 PPP 协议，因此 **link-protocol ppp** 这条命令其实完全可以省略。

下面我们来配置 AR2。

```
[AR2]int Serial 1/0/0
[AR2-Serial1/0/0]link-protocol ppp
[AR2-Serial1/0/0]ip address 12.1.1.2 255.255.255.0
```

完成后，进行 ping 测试。

```
[AR1]ping 12.1.1.2
  PING 12.1.1.2: 56  data bytes, press CTRL_C to break
    Reply from 12.1.1.2: bytes=56 Sequence=1 ttl=255 time=20 ms
    Reply from 12.1.1.2: bytes=56 Sequence=2 ttl=255 time=10 ms
    Reply from 12.1.1.2: bytes=56 Sequence=3 ttl=255 time=1 ms
    Reply from 12.1.1.2: bytes=56 Sequence=4 ttl=255 time=10 ms
    Reply from 12.1.1.2: bytes=56 Sequence=5 ttl=255 time=10 ms
```

到此为止，PPP 协议的基本配置已经完成，两端的也已经通过 PPP 封装顺利实现了通信，下面我们需要配置认证。

PPP 支持通过 PAP 和 CHAP 进行认证。其中，PAP 因为采用明文传输用户名和密码，因此安全性不如 CHAP。无论优劣，这两种认证方式的配置方法都大同小异，下面我们会以 PAP 认证为例介绍配置方法，同时，会以注释的方式附上 CHAP 的配置方法。

2．认证方设备的配置

配置认证的方法基本都差不多，此前我们在入门课程的 FTP 和 SSH 协议部分都介绍过大概的配置逻辑：通过命令 **local-user** 定义用户名密码，执行认证协议，然后在执行认证的地方启用认证协议。配置 PPP 认证也同样遵循了这样的配置逻辑。

首先，定义用户名、密码，执行认证的协议。

```
[AR2]aaa
[AR2-aaa]local-user user1 password cipher yeslab
[AR2-aaa]local user user1 service-type ppp
```

接下来，我们进入以 PPP 作为封装协议的那个接口的接口配置视图，通过命令 **ppp authentication-mode pap** 指定该接口使用 PAP 要求对端设备执行认证。

```
[AR2]interface Serial 1/0/0
[AR2-Serial1/0/0]ppp authentication-mode pap
```

注释：

如果采用 CHAP 执行认证，需要把上面这条命令中的 **pap** 改为 **chap**。

此时，如果管理员使用命令 **shutdown** 和 **undo shutdown** 来重新打开 S1/0/0 接口，就会看到类似下面这样的提示信息：

```
Jul 24 2015 15:06:31-05:13 AR2 %%01PPP/4/PEERNOPAP(l)[5]:On the interface Serial1/0/0, authentication failed and PPP link was closed because PAP was disabled on the peer.
[AR2-Serial1/0/0]
Jul 24 2015 15:06:31-05:13 AR2 %%01PPP/4/RESULTERR(l)[6]:On the interface Serial1/0/0, LCP negotiation failed because the result cannot be accepted.
```

这个报错信息提示的内容相信很多读者都可以读懂：由于对端设备没有启用 PAP，所以认证失败，PPP 链路关闭。而且，通过后面提示信息也可以看到，PPP 的建立是在 LCP 阶段协商就失败的。

简单地说，因为配置后的 AR2 需要对端提供用户名和密码进行认证才能通过 LCP 协商建立 PPP 链接，但因为我们没有对 AR1 进行配置，让它向 AR2 提供认证，因此连接无法建立。换言之，AR1 和 AR2 之间目前是无法通信的。

于是，下面的工作任务就是配置被认证设备——AR1，恢复 AR1 和 AR2 之间的通信。

3. 被认证设备的配置

下面我们在 AR1 S1/0/0 接口的接口配置视图中，使用"**ppp pap local-user** 用户名 **password cipher** 加密密码"命令，让该接口通过 PAP 协议向 AR2 提供认证所需的用户名和密码信息。

```
[AR1]interface Serial 1/0/0
[AR1-Serial1/0/0]ppp pap local-user user1 password cipher yeslab
```

注释：

被认证方如果采用 CHAP 来执行认证，需要把 **ppp** 命令分成两部分，分别配置用户名和密码。其中一条为"**ppp chap user** 用户名"，另一条为"**ppp chap password cipher** 密码"。在本例中，需要配置为

```
[AR1]interface Serial 1/0/0
[AR1-Serial1/0/0]ppp chap user user1
[AR1-Serial1/0/0]ppp chap password cipher yeslab
```

4. 验证配置结果

完成配置结果之后，我们再次尝试去 ping 对端，测试 AR1 配置的效果。

```
[AR1]ping 12.1.1.2
  PING 12.1.1.2: 56  data bytes, press CTRL_C to break
    Reply from 12.1.1.2: bytes=56 Sequence=1 ttl=255 time=10 ms
    Reply from 12.1.1.2: bytes=56 Sequence=2 ttl=255 time=30 ms
    Reply from 12.1.1.2: bytes=56 Sequence=3 ttl=255 time=20 ms
    Reply from 12.1.1.2: bytes=56 Sequence=4 ttl=255 time=20 ms
    Reply from 12.1.1.2: bytes=56 Sequence=5 ttl=255 time=10 ms
```

上面的输出信息清楚地显示，AR2 已经接受了 AR1 发来的认证信息，两边的链路协商成功。

6.3 实验三：帧中继的配置

6.3.1 背景介绍

帧中继是一种数据链路层技术，由于设备之间利用共享转发介质实现通信，因此拥有价格相对低廉的优势，商业前景不错。在这类环境中，所有连接到同一个帧中继网络的设备之间，根据需求建立虚拟的转发路径，这些路径则通过 DLCI 编号进行标识。与前两个实验相比，本实验的配置过程并不更加烦琐。但由于帧中继是在共享网络中按需配置逻辑链路的，因此本实验中的有些步骤比较不容易理解。读者在进行实验之前，应首先通过阅读技术材料、查找技术文档或者参加培训课程的方式，了解帧中继的工作原理。

帧中继的配置分成两部分。一部分是配置帧中继交换机。帧中继交换机的配置方法超出了 HCNA 的大纲，鉴于华为模拟器提供了极易操作的方式，我们会在下面的配置中进行演示，但不会进行过多介绍。另一部分是配置通过帧中继网络相连的设备，这部分内容才是本章的重点。

6.3.2 实验目的

掌握帧中继的静态、动态配置。

6.3.3　实验拓扑

帧中继的实验拓扑如图 6-2 所示。

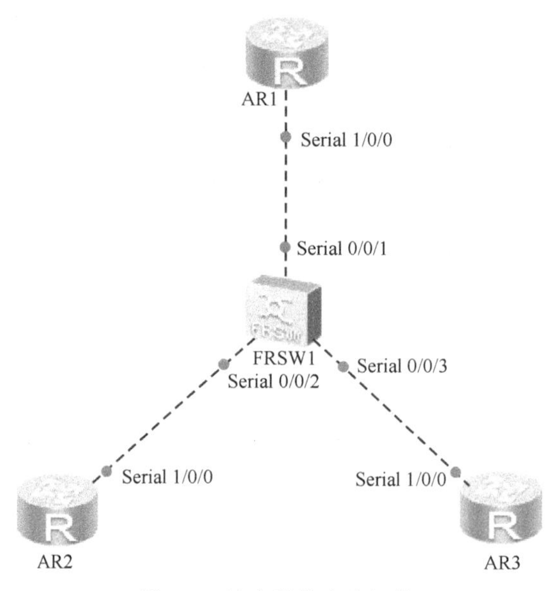

图 6-2　帧中继的实验拓扑

在上面的拓扑中，AR1、AR2、AR3 三台路由器分别用自己的 S1/0/0 接口与一台帧中继交换机相连。IP 编址的规则是：ARx 串口采用 IP 地址 123.1.1.x/24。本实验的最终目的是让三台路由器能够通过帧中继实现通信。

6.3.4　实验环节

0. 帧中继交换机的配置（初始配置）

华为的模拟器里面自带帧中继交换机，所以无须复杂的配置，在本实验正式开始之前，读者应该按照图 6-3 所示来配置帧中继交换机接口的 DLCI 号。

通过上述配置，帧中继交换机上最终会形成图 6-4 所示的交换表项。

图 6-4 表示我们已经分别把各个接口配置了对应的 DLCI 号：在这里，AR1 去往 AR2 使用 DLCI 102，而 AR2 去往 AR1 则使用 DLCI 201；同理，AR1 去往 AR3 使用 DLCI 号 103，而 AR3 去往 AR1 则使用 DLCI 301。

再次强调，配置帧中继交换机超出了 HCNA 大纲的要求，这里提供帧中继交换机的配置只是为了向读者介绍本实验的初始配置。

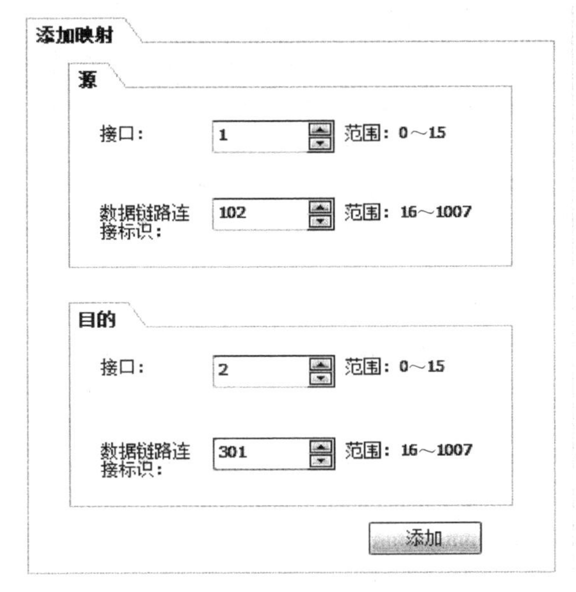

图 6-3　帧中继交换机的配置（模拟器）

映射表

Src: Interface	Src: DLCI	Dst: Interface	Dst: DLCI
Serial 0/0/1	102	Serial 0/0/2	201
Serial 0/0/1	103	Serial 0/0/3	301
Serial 0/0/2	201	Serial 0/0/1	102
Serial 0/0/3	301	Serial 0/0/1	103

图 6-4　帧中继交换机上形成的交换表项

1．基础配置

本实验的基础配置其实就是配置三台路由器 S1/0/0 的 IP 地址，具体的配置如下。

AR1：

```
[AR1]interface Serial 1/0/0
[AR1-Serial1/0/0]ip address 123.1.1.1 255.255.255.0
```

AR2：

```
[AR2]interface Serial 1/0/0
[AR2-Serial1/0/0]ip address 123.1.1.2 255.255.255.0
```

AR3：

```
[AR3]interface Serial 1/0/0
[AR3-Serial1/0/0]ip address 123.1.1.3 255.255.255.0
```

2．封装帧中继协议（动态生成映射）

接下来，我们需要通过命令 **link-protocol fr** 在所有路由器的串行接口上封装帧中继协议。当然，输入这条命令之后，系统还是一如既往地会要求管理员确认自己对于接口封装协议的更改。

AR1：

```
[AR1-Serial1/0/0]link-protocol fr
Warning: The encapsulation protocol of the link will be changed. Continue? [Y/N]:y
```

AR2：

```
[AR2-Serial1/0/0]link-protocol fr
Warning: The encapsulation protocol of the link will be changed. Continue? [Y/N]:y
```

AR3：

```
[AR3-Serial1/0/0]link-protocol fr
Warning: The encapsulation protocol of the link will be changed. Continue? [Y/N]:y
```

3. 测试帧中继协议

现在，我们来尝试在 AR1 上对另外两台路由器的串行接口发起 ping 测试。首先，我们先来 ping 一下 AR2 的串行接口。

```
[AR1]ping 123.1.1.2
  PING 123.1.1.2: 56  data bytes, press CTRL_C to break
    Reply from 123.1.1.2: bytes=56 Sequence=1 ttl=255 time=30 ms
    Reply from 123.1.1.2: bytes=56 Sequence=2 ttl=255 time=10 ms
    Reply from 123.1.1.2: bytes=56 Sequence=3 ttl=255 time=20 ms
    Reply from 123.1.1.2: bytes=56 Sequence=4 ttl=255 time=10 ms
    Reply from 123.1.1.2: bytes=56 Sequence=5 ttl=255 time=10 ms
```

如上所示，AR1 和 AR2 可以 ping 通。接下来我们先来 ping 一下 AR2 的串行接口。

```
[AR1]ping 123.1.1.3
  PING 123.1.1.3: 56  data bytes, press CTRL_C to break
    Reply from 123.1.1.3: bytes=56 Sequence=1 ttl=255 time=10 ms
    Reply from 123.1.1.3: bytes=56 Sequence=2 ttl=255 time=10 ms
    Reply from 123.1.1.3: bytes=56 Sequence=3 ttl=255 time=10 ms
    Reply from 123.1.1.3: bytes=56 Sequence=4 ttl=255 time=10 ms
    Reply from 123.1.1.3: bytes=56 Sequence=5 ttl=255 time=20 ms
```

上述信息表示，一旦在这些与帧中继交换机相连的串行接口上封装帧中继协议，那么所有在帧中继交换机上定义过的链路（也就是绑定过源目接口与 DLCI 号），都可以进行通信。因为我们在环节 0 中绑定了 AR1 和 AR2 串行接口之间双向链路的源目的接口与 DLCI 号，以及 AR1 和 AR3 串口接口之间双向链路的源目的接口与 DLCI 号，所以 AR1 也就可以 ping 通 AR2 和 AR3 的串行接口。

为什么只有封装 FR 就通了呢？这是因为华为的路由器在默认情况下就开启了动态映射的功能，所以也就无须更多配置。如果希望关闭静态映射，可以在接口配置视图中通过命令 **undo fr inarp** 来关闭它。

下面我们来测试一下，帧中继交换机上没有定义的链路能否通信。

```
[AR2]ping 123.1.1.3
  PING 123.1.1.3: 56  data bytes, press CTRL_C to break
    Request time out
```

可以看到，AR2 无法 ping 通 AR3 的串行接口，其原因当然就是 AR2 上没有去往 R3 的 IP 的对应 DLCI 号映射。

在下一个环节中，我们通过手动配置来实现 AR2 和 AR3 之间的通信，以此来演示如何手动配置 DLCI 映射。

4. 手动配置映射

鉴于拓扑中（也就是帧中继交换机上）只有两条 PVC，也就是 AR1 到 AR2 的 PVC，和 AR1 到 AR3 的 PVC，而 AR2 与 AR3 之间并没有 PVC，所以它们之间动态建立映射也就无从说起了。

好在，这并不意味着 AR2 与 AR3 之间就不能通信，它们之间可以通过 AR1 中转来进行通信，也就是 AR2 去往 AR3 的数据包先到达 AR1，再由 AR1 转发给 AR3 即可。当然，这样的话，需要管理员手动添加 AR2 去往 AR3 的映射关系。

具体的配置需要在路由器与帧中继交换机相连的那个串行接口的配置视图中，输入命令“**fr map ip** 对端 IP 地址本地 DLCI 号 **broadcast**”（这条命令中的 **broadcast** 是个可选的关键字）来完成。比如，AR2 上的配置：

```
[AR2]interface Serial 1/0/0
[AR2-Serial1/0/0]fr map ip 123.1.1.3 201 broadcast
```

同时，在 AR3 上也要进行相应的配置：

```
[AR3]interface Serial 1/0/0
[AR3-Serial1/0/0]fr map ip 123.1.1.2 301 broadcast
```

在完成上述配置之后，AR2 与 AR3 之间的数据应该都会先通过帧中继交换机到达 AR1，由 AR1 经过一次路由才能到达目的地址。下面我们来测试实验结果。

5. 手动配置映射

首先，我们先尝试在 AR2 上去 ping AR3 的串行接口地址。

```
[AR2]ping 123.1.1.3
  PING 123.1.1.3: 56   data bytes, press CTRL_C to break
    Reply from 123.1.1.3: bytes=56 Sequence=1 ttl=255 time=10 ms
    Reply from 123.1.1.3: bytes=56 Sequence=2 ttl=255 time=20 ms
    Reply from 123.1.1.3: bytes=56 Sequence=3 ttl=255 time=10 ms
    Reply from 123.1.1.3: bytes=56 Sequence=4 ttl=255 time=10 ms
    Reply from 123.1.1.3: bytes=56 Sequence=5 ttl=255 time=20 ms
```

通过上面的测试结果可以看到，目前 AR2 已经可以 ping 通 AR3 的串行接口。为了验证数据转发的路径，下面我们通过命令 **tracert** 进行查看。

```
[AR2]tracert 123.1.1.3
 traceroute to   123.1.1.3(123.1.1.3), max hops: 30 ,packet length: 40,press CTRL_C to break
 1 123.1.1.1 10 ms   10 ms   10 ms
```

```
2 123.1.1.3 20 ms  30 ms  10 ms
```

由上面的输出信息可以看出，AR2 发往 AR3 的数据确实是经过 AR1 才被转发给最终的目的地址。

管理员如果希望查看帧中继的映射关系，可以使用命令 **display fr map-info** 来实现，这条命令在 AR1 上的输出信息如下。

```
[AR1]display fr map-info
Map Statistics for interface Serial1/0/0 (DTE)
 DLCI = 102, IP INARP 123.1.1.2, Serial1/0/0
    create time = 2015/07/30 13:16:18, status = ACTIVE
    encapsulation = ietf, vlink = 1, broadcast
  DLCI = 103, IP INARP 123.1.1.3, Serial1/0/0
    create time = 2015/07/30 13:16:26, status = ACTIVE
encapsulation = ietf, vlink = 2, broadcast
```

如上所示，AR1 的两条映射都是动态（INARP）映射，也可以通过输出信息看出每条映射对应的 DLCI 号、接口、IP 地址和状态等。

下面我们在 AR2 上输入同样的命令，观察命令的输出信息。

```
[R2]display fr map-info
Map Statistics for interface Serial1/0/0 (DTE)
  DLCI = 201, IP INARP 123.1.1.1, Serial1/0/0
    create time = 2015/07/30 13:24:03, status = ACTIVE
    encapsulation = ietf, vlink = 4, broadcast
DLCI = 201, IP 123.1.1.3, Serial1/0/0
    create time = 2015/07/30 13:24:00, status = ACTIVE
    encapsulation = ietf, vlink = 3, broadcast
```

在 AR2 上，我们可以看到环节 4 中手动配置的静态映射（阴影部分）。

再次重申，由于封装 FR 的接口，默认就会自动启用 INARP，所以针对每一条 PVC，都可以自己形成映射条目。而在 R2 与 R3 之间，由于没有 PVC，因此必须要到 HUB 点 R1 上去进行中传，彼此的映射关系也需要手动进行添加。

6.4 实验四：PPPoE 的配置

6.4.1 背景介绍

PPP over Ethernet（PPPoE）协议顾名思义，是一种通过在以太网上建立点到点的 PPP

会话，使以太网中的主机能够连接到远端 PPPoE 服务器的协议。PPoE 既集成了以太网应用范围广的特点，也继承了 PPP 协议可以通过认证验证连接方身份的优势。目前比较流行的宽带接入方式 ADSL，使用的就是 PPPoE 协议。

在下面的实验中，我们会演示如何通过配置，让一台华为路由器在网络中充当 PPPoE 服务器和 PPPoE 客户端。

6.4.2 实验目的

掌握将华为路由器配置为 PPPoE 服务器和 PPPoE 客户端的方法。

6.4.3 实验拓扑

PPPoE 的拓扑如图 6-5 所示。

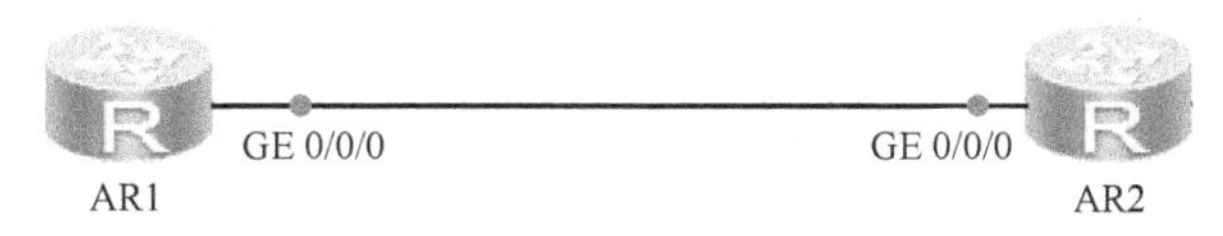

图 6-5 PPPoE 的实验拓扑

如上所示，在 PPPoE 的实验中，我们使用的仍然是两台路由器彼此相连的简单环境，但这个拓扑与图 6-1 存在一个重要的区别。鉴于这个实验的目的是演示 PPPoE(thernet)的实现方法，因此我们在连接两台路由器时使用的是它们的以太网接口 GE0/0/0。

在这个实验中，我们会使用 AR1 来充当拨号的 PPPoE 客户端，而使用 AR2 充当 PPPoE 服务器。

6.4.4 实验环节

1. 配置 IP 地址池（PPPoE 服务器）

配置 PPPoE 地址池是配置服务器的第 1 步，管理员需要在地址池中指定 PPPoE 网关地址，以及分配给客户端的地址范围。此后，这个在第 1 步中配置的地址池需要在稍后的步骤中进行调用。

配置地址池首先需要在系统视图中使用命令“**ip pool** 地址池名称”来完成同时进入地址池的配置视图。在这个视图中，我们需要使用命令“**network** 网络地址 **mask** 网络掩码”和“**gateway-list** 网关地址”来定义分配给客户端的网络地址及 PPPoE 的网关地址。

```
[AR2]ip pool hcie
Info: It's successful to create an IP address pool.
```

```
[AR2-ip-pool-hcie]network 12.1.1.0 mask 255.255.255.0
[AR2-ip-pool-hcie]gateway-list 12.1.1.2
```

在定义好 IP 地址池之后，我们需要配置一个虚拟模板，并在虚拟模板中进行一系列参数的定义。

2. 配置虚拟模板（PPPoE 服务器）

接下来，管理员需要使用“**interface Virtual-Template** 编号”这条命令创建虚拟模板并进入该虚拟模板的接口配置视图，并在模板下定义服务器的 IP 地址，关联我们步骤 1 中定义的地址池，并且，

- 使用命令“**ppp authentication-mode** 认证方式”来定义 PPP 认证协议（本例中我们会使用 chap 提供认证）;
- 使用“**ip adderss** IP 地址掩码”命令配置这个虚拟模板接口的 IP 地址;
- 使用“**remote address pool** 地址池名称”将向远端客户端分配地址的地址池关联到这个模板下。

```
[AR2]interface Virtual-Template 1
[AR2-Virtual-Template1]ppp authentication-mode chap
[AR2-Virtual-Template1]ip address 12.1.1.2 255.255.255.0
[AR2-Virtual-Template1]remote address pool hcie
```

现在，我们已经定义好了虚拟模板，下一步是在接口上调用这个虚拟模板。

3. 在以太接口上开启 PPPOE 并调用虚拟模板（PPPoE 服务器）

在这个环节中，我们需要将接受 PPPoE 拨入的物理接口绑定到虚拟模板。

我们需要在接收 PPPoE 连接的物理接口下面使用命令“**pppoe-server bind Virtual-Template** 模板编号”来为这个接口绑定一个虚拟模板。

```
[AR2]interface GigabitEthernet 0/0/0
[AR2-GigabitEthernet0/0/0]pppoe-server bind virtual-template 1
```

关于虚拟模板的配置已经完成。下面，我们来定义 PPP 的认证方式，以及用户名和密码，这一步相信完成了实验二的读者已经耳熟能详，这里只作演示，不进行过多解释工作。

4. 定义拨号用户使用的用户名及密码（PPPoE 服务器）

在这一步中，我们将要定义与认证有关的信息，这一环节的内容是对实验二中第 2 个环节中第 1 步操作的简单重复。

```
[AR2]aaa
[AR2-aaa]local-user user1 password cipher yeslab
[AR2-aaa]local user user1 service-type ppp
```

至此为止，PPPoE 服务器端的配置已经完成，下面我们来配置 PPPoE 客户端。

5. PPPoE 客户端的配置

首先，我们需要使用“**interface dialer** 拨号接口编号”命令创建和配置一个拨号接口，拨号接口编号指定什么数字可以由管理员自行定义。此外，在该视图中使用命令“**dialer user** 用户名”所指定的用户名只有本地意义，可以随意设置。

在该拨号接口配置视图中，管理员还需要：

- 通过命令“**dialer bundle** 编号”生成一个可以在接口模式下进行调用的拨号 bundle 编号；
- 指定它的 IP 地址，而我们在此通过命令 **ip address ppp-negotiate** 将 IP 地址指定为自动协商；
- 通过“**ppp chap**”命令设置客户端在拨号时使用的用户名和密码。

这个环节具体的配置如下所示。

```
[AR1]interface Dailer 100
[AR1-Dialer1]dialer user yeslab
[AR1-Dialer1]dialer bundle 1
[AR1-Dialer1]ppp chap user user1
[AR1-Dialer1]ppp chap password cipheryeslab
[AR1-Dialer1]ip address ppp-negotiate
[AR1-Dialer1]tcp adjust-mss 1400
[AR1-Dialer1]quit
```

显然，命令“**ppp chap user** 用户名”中配置的用户名要与服务器端的用户名保持一致；同理“**ppp chap password cipher** 密码”中配置的密码也要与服务器端的密码保持一致。

最后，我们需要在发起拨号的接口配置视图中使用命令“**pppoe-client dial-bundle-number** 编号”调用刚刚生成的拨号 bundle——bundle 1。

```
[AR1]interface GigabitEthernet 0/0/0
[AR1-GigabitEthernet0/0/0]pppoe-client dial-bundle-number 1
```

至此为止，PPPoE 客户端的配置也已经完成。下面我们来验证配置的效果。

6. PPPoE 的验证

首先，我们可以在 AR2 上使用命令 **display pppoe-server session all** 查看这台 PPPoE 服务器上一些与 PPPoE 会话有关的信息。

```
[AR2]display pppoe-server session all
SID Intf                    State   OIntf       RemMAC          LocMAC
1   Virtual-Template1:0     UP      GE0/0/0     00e0.fccb.4c89 00e0.fce0.3dca
```

如上所示，通过这条命令，我们可以看到虚拟模板和物理地址之间的绑定关系，而且可以看到远端设备和这台设备的 MAC 地址。

此外，管理员也可以使用命令 **display virtual-access** 来查看虚拟模板接口的状态。

```
[AR2]display virtual-access
Virtual-Template1:0 current state : UP
Line protocol current state : UP
Last line protocol up time : 2015-07-28 12:44:23 UTC-05:13
Description:HUAWEI, AR Series, Virtual-Template1:0 Interface
Route Port,The Maximum Transmit Unit is 1492, Hold timer is 10(sec)
Link layer protocol is PPP
LCP opened, IPCP opened
Current system time: 2015-07-28 12:45:39-05:13
    Input bandwidth utilization  :   0%
    Output bandwidth utilization :   0%
```

如上所示，目前这个虚拟模板接口已经 UP，它的数据链路层封装协议为 PPP，LCP 和 NCP 的协商都已经通过，链路已经打开。（当然，由于上层协议为 IP，所以 NCP 在这里为 IPCP。）

现在，我们可以回到 AR1 上，通过命令 **display pppoe-client session summary** 查看这台 PPPoE 客户端上与 PPPoE 会话有关的信息。

```
[R1]display pppoe-client session summary
PPPoE Client Session:
ID   Bundle  Dialer  Intf          Client-MAC      Server-MAC     State
1    1       1       GE0/0/0       00e0fccb4c89  00e0fce03dca   UP
```

通过上面的输出信息，可以看出 PPPoE 会话已经 UP（未建立时会显示为 IDLE），客户端 MAC 地址和服务器 MAC 地址也与 AR2 显示的信息一致。

再次查看得到的 IP 地址：

```
[AR1]display ip interface brief
Interface           IP Address/Mask        Physical   Protocol
Dialer100            12.1.1.254/32           up         up(s)
```

下面我们尝试在 AR1 上去 ping AR2 的服务器地址。

```
[AR1]ping 12.1.1.2
  PING 12.1.1.2: 56   data bytes, press CTRL_C to break
    Reply from 12.1.1.2: bytes=56 Sequence=1 ttl=255 time=10 ms
    Reply from 12.1.1.2: bytes=56 Sequence=2 ttl=255 time=10 ms
    Reply from 12.1.1.2: bytes=56 Sequence=3 ttl=255 time=20 ms
    Reply from 12.1.1.2: bytes=56 Sequence=4 ttl=255 time=10 ms
    Reply from 12.1.1.2: bytes=56 Sequence=5 ttl=255 time=10 ms
```

如上所示，PPPoE 客户端已经可以与服务器建立通信，本次实验的效果已经全部实现。

6.5 实验五：静态网络地址转换（NAT）的配置

6.5.1 背景介绍

网络地址转换（NAT）技术可以对数据包的源和 / 或目的地址进行转换。这种技术常常用来执行私有 IP 地址（即 RFC 1918 地址）到公有 IP 地址之间的转换，以达到复用 RFC 1918 地址，减慢 IP 地址消耗速度的目的。作为实验指南，本书并不会在这里对私有地址以及其他的 NAT 相关概念进行展开，如果读者对相关概念还不清楚，可以参加 HCNA 的培训或者阅读相关的作品。

中间路由器执行 NAT 转换有两种不同的方式，即静态转换和动态转换。在本实验中，我们会对如何配置路由器来实现静态 NAT 转换进行介绍。

6.5.2 实验目的

通过配置中间路由器，让它对流量执行静态地址转换。

6.5.3 实验拓扑

本实验的拓扑如图 6-6 所示。

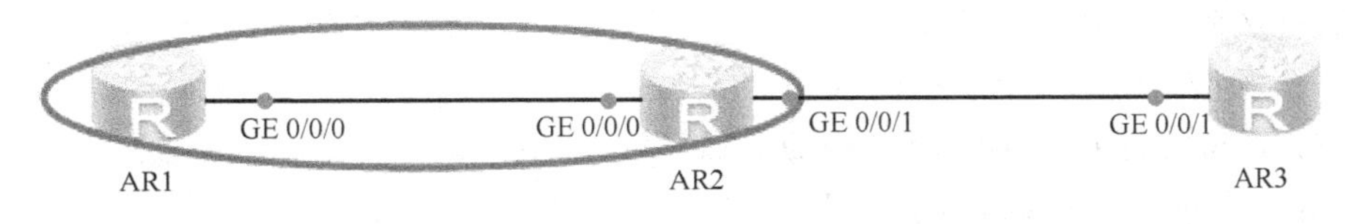

图 6-6　静态 NAT 的实验拓扑

由于 NAT 至少涉及三类设备——数据的发送方、数据的接收方和执行 NAT 转换的设备，所以我们在拓扑中包含了 3 台路由器。其中 AR1 的作用相当于一台使用私有 IP 地址进行通信的企业 / 园区内部设备，AR3 相当于使用公有 IP 地址的外部路由器，而 AR2 类似于这个园区的网关路由器，也就是拓扑中的 NAT 路由器，它的作用是当 AR1 与外部路由器进行通信时，将它的地址转换为一个公有 IP 地址。

在这个拓扑中，AR1 和 AR2 通过它们之间的 GE0/0/0 接口相连，而 AR2 和 AR3 则通过它们之间的 GE0/0/1 接口相连。

在这个拓扑中，我们会在 AR1 和 AR2 之间使用 10.1.12.0/24 这个网络的地址；而为 AR1 的 LoopBack 0 接口配置 10.1.1.1/32 这个主机地址，它们都属于 RFC 1918 地址。

6.5.4 实验环节

1. 基础配置

首先，我们来配置基本的 IP 地址，这里的内容过于基础，不再进行任何解释。

```
[AR1]interface GigabitEthernet 0/0/0
[AR1-GigabitEthernet0/0/0]ip address 10.1.12.1 255.255.255.0
[AR1-GigabitEthernet0/0/0]interface LoopBack 0
[AR1-LoopBack0]ip address 10.1.1.1 255.255.255.255

[AR2]interface GigabitEthernet 0/0/0
[AR2-GigabitEthernet0/0/0]ip address 10.1.12.2 255.255.255.0
[AR2-GigabitEthernet0/0/0]interface GigabitEthernet 0/0/1
[AR2-GigabitEthernet0/0/1]ip address 23.1.1.2 255.255.255.0

[AR3]int GigabitEthernet 0/0/1
[AR3-GigabitEthernet0/0/1]ip address 23.1.1.3 255.255.255.0
[AR3-GigabitEthernet0/0/1]interface LoopBack 0
[AR3-LoopBack0]ip address 3.1.1.1 255.255.255.255
```

接下来，为了保证 AR1 能够和这个拓扑中的所有网络通信，我们在 AR1 上配置一条默认路由，指向 AR2 的 GE0/0/0。

```
[AR1]ip route-static 0.0.0.0 0.0.0.0 10.1.12.2
```

然后，为了保证 AR2 能够和这个拓扑中的所有网络通信，我们需要首先在 AR2 上配置一条去往 AR1 LoopBack 0 接口，下一跳指向 AR1 GE0/0/0 的静态路由；然后再在 AR2 上配置一条默认路由，下一跳指向 AR3 的 GE0/0/1。

```
[AR2]ip route-static 0.0.0.0 0.0.0.0 23.1.1.3
[AR2]ip route-static 10.1.1.1 255.255.255.255 10.1.12.1
```

至此为止，AR1 和 AR2 都应该能够向整个拓扑中的其他网络发送数据了。我们下面进行测试。

2. 基础配置的测试

既然 AR1 和 AR2 都能够向拓扑中的其他网络发送数据，我们下面来尝试一下分别在 AR1 和 AR2 上去 ping AR3 的 LoopBack 0 接口，测试的结果如下。

AR2：

```
[AR2]ping 3.1.1.1
  PING 3.1.1.1: 56    data bytes, press CTRL_C to break
    Reply from 3.1.1.1: bytes=56 Sequence=1 ttl=255 time=30 ms
```

```
Reply from 3.1.1.1: bytes=56 Sequence=2 ttl=255 time=10 ms
Reply from 3.1.1.1: bytes=56 Sequence=3 ttl=255 time=10 ms
Reply from 3.1.1.1: bytes=56 Sequence=4 ttl=255 time=20 ms
Reply from 3.1.1.1: bytes=56 Sequence=5 ttl=255 time=10 ms
```

如上所示，AR2 的 ping 测试一切正常，下面我们在 AR1 上进行测试。

```
[AR1]ping 3.1.1.1
  PING 3.1.1.1: 56  data bytes, press CTRL_C to break
    Request time out
    Request time out
    Request time out
    Request time out
    Request time out
```

结果是，AR1 无法 ping 通 AR3 的 LoopBack 0 接口。

经过环节 1 的配置，AR1 明显能够通过默认路由向 AR3 的 LoopBack 0 接口发送信息，那么我们无法 ping 通 AR3 的环回接口，问题就肯定出在 AR3 上。事实上，之所以 ping 不通，理由是该 ICMP（ping）数据包的源地址是 10.1.12.1，当 AR3 准备向这个地址发回响应（echo-reply）消息时，它发现自己没有去往 10.1.12.0/24 这个网络的路由，所以 AR3 不知道如何发送这个响应消息。

解决的办法有两种，一种是在 AR3 上配置一条静态 / 路由，让它将响应消息发送给 AR2 的 GE0/0/1 接口，这是静态路由实验的方案，读者可以自己尝试；另一种是，通过配置 AR2，让它使用 NAT 技术，将 AR1 发送的 ICMP（ping）数据包源地址修改为一个 AR3 路由表拥有的地址，比如 23.1.1.0/23 这个网络中的某个地址。下面，我们来尝试第二种方式。

3．静态 NAT 的配置与测试

配置静态 NAT 不难，管理员需要首先进入执行静态 NAT 的那个接口，也就是 NAT 路由器连接外部网络的那个接口，然后在那个接口的接口配置视图中输入命令“**nat static global** 外部地址 **inside** 内部地址”。

鉴于 AR2 执行 NAT 地址的接口是它的 GE0/0/1，我们可以得到下面的配置。

```
[AR2]interface GigabitEthernet 0/0/1
[AR2-GigabitEthernet0/0/1]nat static global 23.1.1.100 inside 10.1.12.1
```

配置完成后，我们再次来到 AR1 上进行测试，结果如下。

```
[AR1]ping 3.1.1.1
  PING 3.1.1.1: 56  data bytes, press CTRL_C to break
    Reply from 3.1.1.1: bytes=56 Sequence=1 ttl=254 time=20 ms
    Reply from 3.1.1.1: bytes=56 Sequence=2 ttl=254 time=20 ms
    Reply from 3.1.1.1: bytes=56 Sequence=3 ttl=254 time=10 ms
```

```
Reply from 3.1.1.1: bytes=56 Sequence=4 ttl=254 time=20 ms
Reply from 3.1.1.1: bytes=56 Sequence=5 ttl=254 time=20 ms
```

如上所示，尽管我们并没有在 AR3 上添加任何路由条目，但是 AR1 已经可以 ping 通 AR3 了。

如果想要了解静态转换的信息，可以在 NAT 路由器上输入命令 **display nat static** 来进行查看。

```
[AR2]display nat static
  Static Nat Information:
  Interface   : GigabitEthernet0/0/1
    Global IP/Port        : 23.1.1.100/----
    Inside IP/Port        : 10.1.12.1/----
    Protocol : ----
    VPN instance-name   : ----
    Acl number              : ----
    Netmask   : 255.255.255.255
    Description : ----

  Total :      1
```

如上所示，我们可以通过这条命令看到转换前与转换后的地址、执行地址转换的接口等信息。

实验到此还没有结束，我们下面再进一步研究如何对"地址+端口"的组合进行转换，让原本发往某台设备端口的信息发送给另一台设备的端口。当内部网络中存在一些可供外网访问的服务器时，这种做法非常常用。

4. 对地址和端口进行转换

下面，我们会在 AR2 上进行配置，让所有 telnet 23.1.1.101 这个转换后地址的尝试，最终都会成功 telnet 上 AR1。

要想达到这种目的，当然还是需要进入执行转换的接口，然后使用命令 **nat server protocol** tcp/udp **global** 外部地址外部协议 **inside** 内部地址内部协议"。

在这个实验中，内部和外部的协议都是 Telnet，因此上层协议为 TCP 外部地址为 23.1.1.101，内部地址我们可以设置为 AR1 的环回接口地址 10.1.1.1，因此我们需要输入的命令就是：

```
[AR2-GigabitEthernet0/0/1]nat server protocol tcp global 23.1.1.101 telnet inside 10.1.1.1 telnet
```

在输入之后，管理员可以使用命令 **display nat server** 查看 NAT 转换的结果。

```
[AR2]display nat server
  Nat Server Information:
  Interface   : GigabitEthernet0/0/1
```

```
        Global IP/Port          : 23.1.1.101/23(telnet)
        Inside IP/Port          : 10.1.1.1/23(telnet)
        Protocol : 6(tcp)
        VPN instance-name       : ----
        Acl number              : ----
        Description : ----

  Total :     1
```

如上所示，在我们此前配置的那条 NAT 命令中，所有元素都可以通过这条命令显示出来。接下来，我们还有最后一项工作，那就是回到 AR1 上去配置那些基本的 Telnet 设置，然后就可以在 AR3 上发起 Telnet 测试实验结果了。

5．测试实验结果

首先，在 AR1 上设置 Telnet 的认证与密码：

```
[AR1]user-interface vty 04
[AR1-ui-vty0-4]authentication-mode password
Please configure the login password (maximum length 16):yeslab
[AR1-ui-vty0-4]quit
```

最后，在 AR3 上使用命令，**telnet** 23.1.1.101 来测试我们是否能够 Telnet 到 AR1 上。

```
<AR3>telnet 23.1.1.101
  Press CTRL_] to quit telnet mode
  Trying 23.1.1.101 ...
  Connected to 23.1.1.101 ...

Login authentication


Password:
<AR1>
```

如上所示，这表明 AR2 已经将 AR3 发往 23.1.1.101 的 telnet 连接转换为发往 10.1.1.1 的 Telnet 连接。

当然，通过 **nat server protocol** 这条命令，我们也完全可以将流量的目的端口转换为不同的端口，这一点读者可以自行实验测试。

6.6 实验六：动态网络地址转换（NAT）的配置

6.6.1 背景介绍

当网络中要被转换的地址和转换后的地址数量都很庞大时，逐个配置一对一的转换关系既费时又费力。为了解决这个问题，除了实验五中展示的这种静态 NAT 之外，还有一种更加灵活机动的方法让 NAT 路由器对地址执行转换，这种方式称为动态 NAT 转换。

在下面这个实验中，我们会介绍如何配置 NAT 路由器，让它对流量执行动态 NAT 转换。

6.6.2 实验目的

通过配置中间路由器，让它对流量执行动态地址转换。

6.6.3 实验拓扑

实验六会完全沿用图 6-4 所示的拓扑。

除了拓扑之外，实验六的环节 1 与实验五的配置完全相同，因此我们会在这里一笔带过。既然配置相同，测试结果也不会产生任何区别，因此实验五的第 2 个环节，也就是连通性测试，我们会直接跳过。

1. 基础配置

见实验五。

2. 动态 NAT 的配置

配置动态 NAT 涉及以下三个步骤。

① 管理员需要通过访问控制列表定义要转换的地址，访问控制列表的使用我们会在第 7 章中按照 HCNA 的要求进行详细介绍，这里仅演示如何通过 ACL 定义要转换的地址。

在定义要转换的地址时，管理员需要首先输入命令“**acl** ACL 编号”创建一个 ACL，并进入这个 ACL 配置模式。然后，管理员需要输入“**rule** 语句编号 **permit source** 要转换的网络地址该网络的反掩码”，来定义这个 ACL 要匹配的地址。

在这个示例中，我们将整个 A 类网络 10.0.0.0/8 都定义为可以进行转换的地址。

```
[AR2]acl 2000
[AR2-acl-basic-2000]rule 5 permit source 10.0.0.0 0.255.255.255
```

```
[AR2-acl-basic-2000]quit
```

② 通过命令 “**nat address-group**[地址池编号][首个地址][最后一个地址]” 定义转换后的地址池。当然，通过 ACL 定义要转换的地址和地址池这两个步骤的次序是可以对调的。

在这个示例中，我们将 23.1.1.100～23.1.1.200 的地址定义为地址池中的地址。

```
[AR2]nat address-group 1 23.1.1.100 23.1.1.200
```

③ 管理员应在出接口上通过命令“**nat outbound** ACL 编号 **address-group** 地址池编号”将要转换的地址和转换后的地址关联起来。

```
[AR2-GigabitEthernet0/0/1]nat outbound 2000 address-group 1
```

到此为止，动态 NAT 的配置就已经全部完成了，下面我们开始验证。

3. 动态 NAT 的验证

在验证动态 NAT 时，我们可以通过命令 **display nat outbound** 来查看接口、ACL 和地址池之间的绑定情况。

```
[AR2]display nat outbound
 NAT Outbound Information:
 --------------------------------------------------------------------------------------------
 Interface                    Acl          Address-group/IP/Interface          Type
 --------------------------------------------------------------------------------------------
 GigabitEthernet0/0/1         2000                                     1          pat
 --------------------------------------------------------------------------------------------
  Total : 1
```

显然，这里显示出的信息与我们在接口 GE0/0/1 上配置的信息一致。需要说明的一点是，最后的类型（Type）一列，pat 表示当转换后地址的地址池耗尽时，路由器可以使用端口地址转换（PAT）来为其他还没有转换地址的设备提供地址转换。（关于端口地址转换的内容，这里不会展开，感兴趣的读者可以去查阅相关技术文档。）

接下来，我们还是可以通过在 AR1 上 ping AR3 环回接口的方式，验证地址转换是否成功。

```
[AR1]ping 3.1.1.1
  PING 3.1.1.1: 56    data bytes, press CTRL_C to break
    Reply from 3.1.1.1: bytes=56 Sequence=1 ttl=254 time=30 ms
    Reply from 3.1.1.1: bytes=56 Sequence=2 ttl=254 time=20 ms
    Reply from 3.1.1.1: bytes=56 Sequence=3 ttl=254 time=20 ms
    Reply from 3.1.1.1: bytes=56 Sequence=4 ttl=254 time=20 ms
    Reply from 3.1.1.1: bytes=56 Sequence=5 ttl=254 time=20 ms
```

注意，由于我们在设置 ACL 时，将整个 10.0.0.0/8 这个 A 类地址都设置为要转换的地址，而 AR1 的环回接口地址也在这个地址范畴之内，因此通过 AR2 的转换，我们完全应该能够以 AR1 环回接口 10.1.1.1 为源，ping 通 AR3 的环回接口地址 3.1.1.1。下面我们通过扩展 ping 来验证这一点。

```
[AR1]ping -a 10.1.1.1 3.1.1.1
  PING 3.1.1.1: 56  data bytes, press CTRL_C to break
    Reply from 3.1.1.1: bytes=56 Sequence=1 ttl=254 time=30 ms
    Reply from 3.1.1.1: bytes=56 Sequence=2 ttl=254 time=20 ms
    Reply from 3.1.1.1: bytes=56 Sequence=3 ttl=254 time=20 ms
    Reply from 3.1.1.1: bytes=56 Sequence=4 ttl=254 time=20 ms
    Reply from 3.1.1.1: bytes=56 Sequence=5 ttl=254 time=10 ms
```

如上所示，扩展 ping 依旧收到了回应。

此时，读者可以在 AR2 上使用命令 **display nat session all** 来查看 AR2 是如何使用动态 NAT 技术，对之前我们通过 ping 发起的会话执行地址转换的。

```
[AR2]display nat session all
  NAT Session Table Information:

     Protocol              : ICMP(1)
     SrcAddr    Vpn        : 10.1.1.1
     DestAddr   Vpn        : 3.1.1.1
     Type Code IcmpId      : 0    8     43987
     NAT-Info
       New SrcAddr         : 23.1.1.156
       New DestAddr        : ----
       New IcmpId          : 10242

     Protocol              : ICMP(1)
     SrcAddr    Vpn        : 10.1.12.1
     DestAddr   Vpn        : 3.1.1.1
     Type Code IcmpId      : 0    8     43988
     NAT-Info
       New SrcAddr         : 23.1.1.114
       New DestAddr        : ----
       New IcmpId          : 10241

     Total : 2
```

如上所示，针对我们之前发起的两次 NAT 转换，AR2 分别将从 10.1.1.1 发来的 ICMP 数据包（扩展 ping）的源地址转换为 23.1.1.156；而将从 10.1.12.1 发来的 ICMP 数据包的源地址转换为了 23.1.1.114。

6.7 总结

在广域网这一章中，我们介绍了 HDLC、PPP、帧中继三种广域网协议的配置方法。还将 PPPoE 作为一种专门的协议，通过一个完整的实验介绍了其客户端和服务器的配置方法。在本章的最后两个实验（实验五和实验六）中，我们分别演示了网络地址转换（NAT）技术的两种实现方式，即静态 NAT 转换与动态 NAT 转换的配置方法。

第 7 章　常用安全技术

这一章的内容包括最简单、也最常用网络安全技术。在三个实验中，ACL 其实已经在前面的章节中出现过了。但在本章中，我们会将它们作为实验的目的进行演示，而不只是实现其他需求时配置的一个环节。至于另外的两个实验，也就是 IPSec VPN 和 GRE，我们建议读者在阅读之前，对它们的作用和理论具有一定程度的了解。

在前面的章节中，读者可能会发现自己即使不理解某些协议的工作原理，也并不影响自己理解如何通过配置来实现这些协议的功能。但这种思维方式并不适合推演到 IPSec VPN 和 GRE 的实验当中，如果不了解它们的原理，几乎不可能理解配置操作的过程。

根据华为的 HCNA 大纲，在华为路由器本地实现 AAA 的配置也在考试涵盖的范围之内。但是考虑到华为设备只支持通过远程服务器来实现 AAA 中的审计（Accounting），因此审计的配置并不包含在 HCNA 大纲之中。而本地认证（Authentication）我们已经在前面的实验中进行了演示，本地授权（Authorization）的配置逻辑与之相差不大，因此 AAA 的实验不再专门进行介绍。

7.1　实验一：访问控制列表（ACL）的配置

7.1.1　背景介绍

访问控制列表是一项太过常用的技术，常用到甚至不能单纯地把它归类为一项安全技术。狭义上，它的功能是对流量进行过滤和限制。但在广义上，当人们需要对流量按照某些参数进行分类，以便对不同类的流量执行不同的流量策略时，我们也需要通过访问控制列表来完成分类流量的工作，以便区别处理不同类型的流量。

访问控制列表的功能与它的类型相关，而它的类型又与编号存在对应关系。在华为设备上：

- 编号为 2000～2999 的 ACL 叫作基础 ACL，这类 ACL 可以匹配流量的源 IP 地址等；
- 编号为 3000～3999 的 ACL 叫作高级 ACL，这类 ACL 可以根据流量的源 IP 地址、目的 IP 地址、源端口和目的端口等来匹配流量；

- 编号为 4000～4999 的 ACL 叫作二层 ACL，这类 ACL 可以根据流量的源 MAC 地址、目的 MAC 地址、以太网帧协议等标准匹配流量。

在下面的实验中，我们会分别演示基础 ACL 和高级 ACL 的配置与应用。

7.1.2　实验目的

掌握基础 ACL 和高级 ACL 的配置。

7.1.3　实验拓扑

ACL 实验的拓扑如图 7-1 所示。

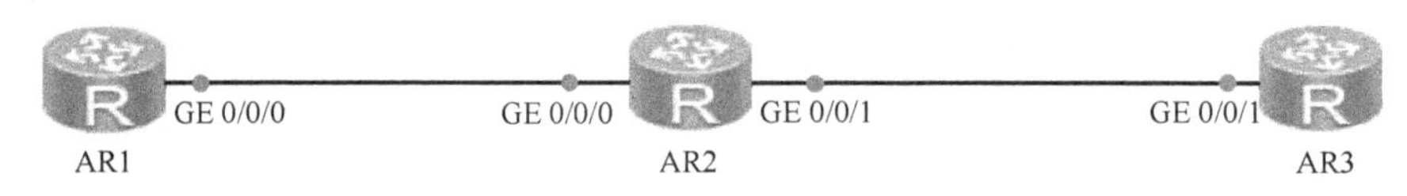

图 7-1　ACL 实验拓扑

本实验的拓扑还是三台路由器通过 GE 以太网接口相互连接的环境。在这个拓扑中，AR1 和 AR2 通过它们的 GE0/0/0 相连，而 AR2 和 AR3 则通过 GE0/0/1 相连。三台路由器各自创建一个环回接口 LoopBack 0，且对于路由器 AR*x*，其环回接口的地址即为 *x*.1.1.1/32。

其他地址编址的方式依旧采用此前介绍的方式：将两台路由器 Ar*x* 和 AR*y*（*y*>*x*）之间的网络地址设置为 *xy*.1.1.0/24，而将这两台路由器与该网络直连接口的地址分别设置为 *xy*.1.1.*x* 和 *xy*.1.1.*y*。

为了让所有网络能够相互连同，三台路由器都通过 OSPF 协议宣告了自己所有直连的网络。同时我们需要在 R2 上使用 ACL，拒绝源为 1.1.1.1 的数据包通过自己到达其他网络。

7.1.4　实验环节

1．基础配置

首先，我们依次来配置这三台路由器上所有的接口地址。

```
[AR1]interface GigabitEthernet 0/0/0
[AR1-GigabitEthernet0/0/0]ip address 12.1.1.1 255.255.255.0
[AR1-GigabitEthernet0/0/0]interface LoopBack 0
[AR1-LoopBack0]ip address 1.1.1.1 255.255.255.255

[AR2]interface GigabitEthernet 0/0/0
```

```
[AR2-GigabitEthernet0/0/0]ip address 12.1.1.2 255.255.255.0
[AR2-GigabitEthernet0/0/0]interface LoopBack 0
[AR2-LoopBack0]ip address 2.1.1.1 255.255.255.255
[AR2-LoopBack0]interface GigabitEthernet 0/0/1
[AR2-GigabitEthernet0/0/1]ip address 23.1.1.2 255.255.255.0

[AR3]interface GigabitEthernet 0/0/1
[AR3-GigabitEthernet0/0/1]ip address 23.1.1.3 255.255.255.0
[AR3-GigabitEthernet0/0/1]interface LoopBack 0
[AR3-LoopBack0]ip address 3.1.1.1 255.255.255.255
```

接下来，我们配置 OSPF 协议，让全网相互可达。

```
[AR1]ospf 1 router-id 1.1.1.1
[AR1-ospf-1]area 0
[AR1-ospf-1-area-0.0.0.0]network 12.1.1.1 0.0.0.0
[AR1-ospf-1-area-0.0.0.0]network 1.1.1.1 0.0.0.0

[AR2]ospf 1 router-id 2.1.1.1
[AR2-ospf-1]area 0
[AR2-ospf-1-area-0.0.0.0]network 12.1.1.2 0.0.0.0
[AR2-ospf-1-area-0.0.0.0]network 23.1.1.2 0.0.0.0
[AR2-ospf-1-area-0.0.0.0]network 2.1.1.1 0.0.0.0

[AR3]ospf 1 router-id 3.1.1.1
[AR3-ospf-1]area 0
[AR3-ospf-1-area-0.0.0.0]network 23.1.1.3 0.0.0.0
[AR3-ospf-1-area-0.0.0.0]network 3.1.1.1 0.0.0.0
```

下面我们开始测试两侧的连通性。

2. 基础配置的测试

首先，我们先在 AR1 上去 ping AR3 的环回接口地址。

```
[AR1]ping 3.1.1.1
  PING 3.1.1.1: 56  data bytes, press CTRL_C to break
    Reply from 3.1.1.1: bytes=56 Sequence=1 ttl=254 time=20 ms
    Reply from 3.1.1.1: bytes=56 Sequence=2 ttl=254 time=20 ms
    Reply from 3.1.1.1: bytes=56 Sequence=3 ttl=254 time=10 ms
    Reply from 3.1.1.1: bytes=56 Sequence=4 ttl=254 time=30 ms
    Reply from 3.1.1.1: bytes=56 Sequence=5 ttl=254 time=10 ms
```

双向通信成功，接下来，我们以 AR1 的环回接口地址为源，扩展 ping AR3 的环回接口地址。

```
[AR1]ping -a 1.1.1.1 3.1.1.1
  PING 3.1.1.1: 56  data bytes, press CTRL_C to break
    Reply from 3.1.1.1: bytes=56 Sequence=1 ttl=254 time=20 ms
    Reply from 3.1.1.1: bytes=56 Sequence=2 ttl=254 time=30 ms
    Reply from 3.1.1.1: bytes=56 Sequence=3 ttl=254 time=20 ms
    Reply from 3.1.1.1: bytes=56 Sequence=4 ttl=254 time=20 ms
    Reply from 3.1.1.1: bytes=56 Sequence=5 ttl=254 time=10 ms
```

同样成功。下面，我们通过 ACL，在 AR2 上执行访问控制，不让源为 1.1.1.1 的数据通过 AR2，这是本次实验的第一个重点环节。

3. 基础 ACL 的配置

配置 ACL 首先需要在系统视图中使用通过命令“**acl** ACL 编号”来创建这个 ACL，并且进入它的配置视图。

根据背景介绍部分的描述，仅仅过滤来自于某个地址的流量，使用可以匹配流量源 IP 地址的基础 ACL 就可以达到要求，因此我们在此可以选择 2000～2999 之间的数字作为编号。

```
[AR2]acl 2000
```

下一步是在我们创建的 ACL 中添加匹配规则，基础 ACL 添加匹配规则的语句比较简单，它的语法结构是如下所述。

- 允许某网络：**rule permit source** 网络地址反掩码；
- 拒绝某网络：**rule deny source** 网络地址反掩码。

注释：

如果放行所有地址或者拒绝所有地址，可以用关键字 **any** 替换命令中的网络地址和反掩码的部分。一个 ACL 中可以包含很多这样或允许、或拒绝某些网络的语句。除了管理员自己配置的这些语句之外，华为会在每个 ACL 的最后添加一条隐含的条目，那就是放行所有地址的流量（**rule permit source any**）。这就是说，所有从管理员没有手动配置拒绝的数据源发来的数据，默认都会被放行。

在这个实验中，我们希望拒绝所有来自 1.1.1.1 这个地址的流量穿越 AR2，所以我们应该配置一条下面这样的条目：

```
[AR2-acl-basic-2000]rule deny source 1.1.1.1 0.0.0.0
```

到现在为止，我们只是创建了一个 ACL，但并没有把它使用起来。接下来，我们需要在相应的接口上，通过命令“**traffic-filter** 过滤方向 **acl** ACL 编号”来使用这个 ACL 过滤某个方向上的流量。

在这个实验中，我们的要求是不让 1.1.1.1 发来的流量通过 AR2，所以我们需要在靠近 1.1.1.1 这个网络的那个接口（GE0/0/0）的入站方向上应用这个 ACL。

```
[AR2]interface GigabitEthernet 0/0/0
```

```
[AR2-GigabitEthernet0/0/0]traffic-filter inbound acl 2000
```

配置完毕，下面我们开始进行测试。

4. 基础 ACL 的测试

首先，我们回到 AR1 上，以 1.1.1.1 为源扩展 ping AR3 的地址。

```
[AR1]ping -a 1.1.1.1 3.1.1.1
  PING 3.1.1.1: 56  data bytes, press CTRL_C to break
    Request time out
    Request time out
    Request time out
    Request time out
    Request time out
```

可以看到，环节 1 中本可以 ping 通的测试现在出现了变化，这就是 ACL 产生的效果。

那么，如果我们不采用扩展 ping，而直接让 AR1（以自己的 GE0/0/0 接口）ping AR3，会不会也同样被过滤呢？测试如下。

```
[AR1]ping 3.1.1.1
  PING 3.1.1.1: 56  data bytes, press CTRL_C to break
    Reply from 3.1.1.1: bytes=56 Sequence=1 ttl=254 time=20 ms
    Reply from 3.1.1.1: bytes=56 Sequence=2 ttl=254 time=20 ms
    Reply from 3.1.1.1: bytes=56 Sequence=3 ttl=254 time=20 ms
    Reply from 3.1.1.1: bytes=56 Sequence=4 ttl=254 time=10 ms
    Reply from 3.1.1.1: bytes=56 Sequence=5 ttl=254 time=20 ms
```

如上所示，从 AR1 直接 ping AR3 的结果表示，双方可以进行通信。这表明只有以 1.1.1.1 为源发起的通信会被过滤，测试成功。

下面我们来演示一下高级 ACL 的使用。

在开始配置前，我们先去掉接口视图中调用基础 ACL 的那条语句：

```
[AR2-GigabitEthernet0/0/0]undo traffic-filter inbound
```

5. 高级 ACL 的配置

在这个环节中，我们尝试通过高级 ACL 实现下面的效果：**AR1 可以 Telnet 到 AR3 上，但不能 ping 通 AR3**。

显而易见，这个需求不能通过编号为 2000～2999 的基础 ACL 来实现，因为基础 ACL 只能根据数据的源地址来匹配流量。要想根据数据的源和目的地址，以及端口号来匹配流量，必须使用编号为 3000～3999 之间的高级 ACL。当然，这类 ACL 的创建方式和基础 ACL 没有任何区别。

```
[AR2]acl 3000
```

鉴于高级 ACL 可以匹配的元素比基础 ACL 多得多，因此配置时需要指定的参数也相应地多了一些。高级 ACL 的匹配语句如下所述。

- 允许某通信：**rule permit** 高层协议 **source** 源地址反掩码 **destination** 目的网络反掩码 **destination-port eq** 目的协议；
- 拒绝某通信：rule deny 高层协议 **source** 源地址反掩码 **destination** 目的网络反掩码 destination-port eq 目的协议。

鉴于我们需要让 AR1 不能 ping 通 AR3，因此我们需要拒绝从 12.1.1.1 去往 3.1.1.1 的 ICMP 流量。

```
[AR2-acl-adv-3000]rule deny icmp source 12.1.1.1 0 destination 3.1.1.1 0 icmp-type echo
```

再次强调，关于 AR1 可以 Telnet AR3 这一点没有必要特意进行配置。鉴于华为路由器会在 ACL 末尾追加一条放行所有其他流量的条目，因此华为路由器会遵循“法治原则”匹配流量：即法所不禁皆自由。也就是说，在指明了要过滤的流量后，不必专门配置允许哪些流量通过。

另外，从编号 3000 的这个 ACL 的配置视图提示符中可以看出，目前我们在配置的是高级 ACL(acl-adv)，而不是基础 ACL(acl-basic)。

下一步是在接口上应用这条 ACL。无论应用基础 ACL 还是高级 ACL，应用它们的命令并没有区别。这一次，我们可以将这条 ACL 应用在 AR2GE0/0/1 的出方向上。

```
[AR2]interface GigabitEthernet 0/0/1
[AR2-GigabitEthernet0/0/1]traffic-filter outbound acl 3000
```

高级 ACL 配置完毕，下面我们进行测试。

6. 高级 ACL 的测试

要测试 Telnet 的效果，我们需要首先登录 AR3 去为 vty 接口配置密码。

```
[AR3]user-interface vty 0 4
[AR3-ui-vty0-4]authentication-mode password
Please configure the login password (maximum length 16):yeslab
```

接下来，我们尝试在 AR1 上 ping 一下 AR3，查看一下 AR1 去往 AR3 的 ICMP 消息是否遭到了 ACL 的过滤。

```
<AR1>ping 3.1.1.1
  PING 3.1.1.1: 56  data bytes, press CTRL_C to break
    Request time out
    Request time out
    Request time out
    Request time out
    Request time out
```

显然，AR1 已经 ping 不通 AR3 了。那么，我们是否能够在 AR1 上成功 Telnet AR3 呢？

```
<AR1>telnet 3.1.1.1
  Press CTRL_] to quit telnet mode
```

```
    Trying 3.1.1.1 ...
    Connected to 3.1.1.1 ...
Login authentication
Password:
<AR3>
```

如上所示，尽管 AR1 无法 ping 通 AR3，但我们成功从 AR1 Telnet 到了 AR3 上，配置需求已经实现。

如果管理员希望验证 ACL 是否真的匹配了相应的数据流量，可以在创建该 ACL 的设备上使用命令“**display acl** ACL 编号”进行查看。

```
[AR2]display acl 3000
Advanced ACL 3000, 1 rule
Acl's step is 5
rule 10 deny icmp source 12.1.1.1 0 destination 3.1.1.1 0 icmp-type echo (5 matches)
```

通过这条命令，我们不仅可以看到这条 ACL（除隐藏语句外的）所有语句，而且可以看到分别有多少数据包曾经与这些语句进行了匹配。显然，上述输出信息中的 5 次匹配（5 matches），就是在测试时被过滤的 5 次 ICMP echo（ping）数据包。

如果管理员对设备上各个接口应用 ACL 的情况感兴趣，可以通过命令“**display traffic-filter applied-record**”进行查看，这条命令的输出信息极其直观，这里不再占用篇幅进行介绍。

7.2　实验二：IPSec VPN 的配置

7.2.1　背景介绍

VPN 的全称叫作虚拟专用网络，它旨在让物理上没有交集的两个网络通过某种逻辑的方式连接起来，让它们就像同一个网络一样。就“像同一个网络一样”这一宗旨，通过不同协议实现的 VPN 侧重于不同的理念。其中，IPSec VPN 的重点在于安全，它的目的非常简单，就是给两个站点之间传输的流量进行加密。但为了达到这个目的，却需要管理员进行相对十分复杂的操作。

我们在这一章刚一开始就曾经提醒过读者，要在开始学习 IPSec VPN 的配置方式之前了解它的工作原理，因为 IPSec VPN 的建立过程涉及不只一次的协商、不只一次的加密等。它的原理不可能用简单的语言、类比的形式加以描述。而在下面我们即将进行的实验中，很多配置恰恰与它的原理密不可分。

7.2.2 实验目的

掌握基本的 IPSec VPN 配置方式。

7.2.3 实验拓扑

IPSec VPN 实验的拓扑如图 7-2 所示。

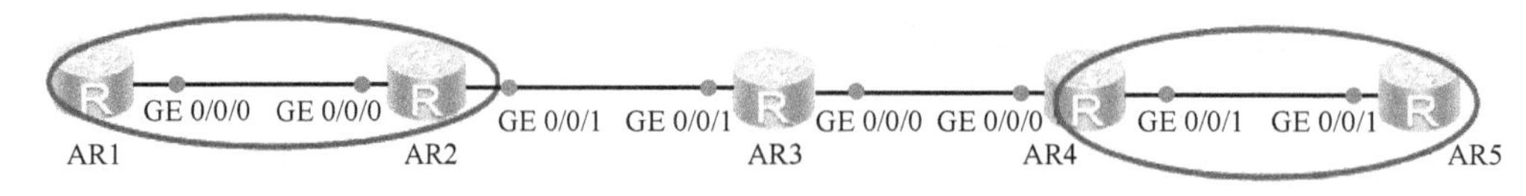

图 7-2 IPSec VPN 的实验拓扑

在上面所示的实验中，我们一共使用了五台路由器。其中 AR1 和 AR2 模拟一个内部网络，AR4 和 AR5 模拟另一个内部网络，而 AR3 模拟 ISP 网络，它的目的是将 AR2 和 AR4 隔开。我们的目的就是在 AR2 和 AR4 之间跨越 AR3 建立起 IPSec VPN。

本实验的地址编址方式采用此前介绍的方式：将两台路由器 Ar*x* 和 AR*y*（*y*>*x*）之间的网络地址设置为 *xy*.1.1.0/24，而将这两台路由器与该网络直连接口的地址分别设置为 *xy*.1.1.x 和 *xy*.1.1.y。此外，AR1 和 AR5 需要各自创建一个环回接口 LoopBack 0，它们环回接口的地址分别为 1.1.1.1/32 和 5.1.1.1/32。

7.2.4 实验环节

1. 基础配置

首先，我们按照拓扑所示为所有设备配置好 IP 地址。

AR1：

```
[AR1]interface GigabitEthernet 0/0/0
[AR1-GigabitEthernet0/0/0]ip address 12.1.1.1 255.255.255.0
[AR1-GigabitEthernet0/0/0]interface LoopBack 0
[AR1-LoopBack0]ip address 1.1.1.1 255.255.255.255
```

AR2：

```
[AR2]interface GigabitEthernet 0/0/0
[AR2-GigabitEthernet0/0/0]ip address 12.1.1.2 255.255.255.0
[AR2]interface GigabitEthernet 0/0/1
[AR2-GigabitEthernet0/0/1]ip address 23.1.1.2 255.255.255.0
```

AR3：

```
[AR3]interface GigabitEthernet 0/0/1
[AR3-GigabitEthernet0/0/1]ip address 23.1.1.3 255.255.255.0
[AR3-GigabitEthernet0/0/1]interface GigabitEthernet 0/0/0
[AR3-GigabitEthernet0/0/0]ip address 34.1.1.3 255.255.255.0
```

AR4：

```
[R4]interface GigabitEthernet 0/0/0
[R4-GigabitEthernet0/0/0]ip address 34.1.1.4 255.255.255.0
[R4-GigabitEthernet0/0/0]interface GigabitEthernet 0/0/1
[R4-GigabitEthernet0/0/1]ip address 45.1.1.4 255.255.255.0
```

AR5：

```
[AR5]interface GigabitEthernet 0/0/1
[AR5-GigabitEthernet0/0/0]ip address 45.1.1.5 255.255.255.0
[AR5-GigabitEthernet0/0/0]interface LoopBack 0
[AR5-LoopBack0]ip address 5.1.1.1 255.255.255.255
```

接下来，我们来配置这个环境中所需的路由。为此，我们必须对这个拓扑再进行一下解释。

① 既然 AR3 模拟的是服务提供商，所以在 AR3 上我们不配置任何路由，有直连路由即可，因为 IPSEC 封装的外部会使用直连路由所在网段的 IP 地址。

② 我们将在这里使用 OSPF 协议让 AR1 和 AR2 交互路由信息，让 AR4 和 AR5 交互路由信息。注意，既然 AR1 和 AR2 模拟一个网络，AR4 和 AR5 模拟另一个网络，因此虽然它们都处于区域 0 中，但是肯定不能相互交换路由信息。

③ AR2 和 AR4 与服务提供商相连的那个接口不能通过 OSPF 进行宣告，AR1、AR2、AR4、AR5 的其余接口则需要通过 OSPF 进行宣告。

上述 3 步的具体配置如下。

AR1：

```
[AR1]ospf 1 router-id 1.1.1.1
[AR1-ospf-1]area 0
[AR1-ospf-1-area-0.0.0.0]network 12.1.1.1 0.0.0.0
[AR1-ospf-1-area-0.0.0.0]network 1.1.1.1 0.0.0.0
```

AR2：

```
[AR2]ospf 1 router-id 2.1.1.1
[AR2-ospf-1]area 0
[AR2-ospf-1-area-0.0.0.0]network 12.1.1.2 0.0.0.0
```

AR4：

```
[AR4]ospf 1 router-id 4.1.1.1
[AR4-ospf-1]area 0
```

```
[AR4-ospf-1-area-0.0.0.0]network 45.1.1.4 0.0.0.0
```

AR5：

```
[AR5]ospf 1 router-id 5.1.1.1
[AR5-ospf-1]area 0
[AR5-ospf-1-area-0.0.0.0]network 45.1.1.5 0.0.0.0
[AR5-ospf-1-area-0.0.0.0]network 5.1.1.1 0.0.0.0
```

① 在 AR2 和 AR4 上向内配置一条 OSPF 默认路由，让 AR1 和 AR5 把去往其他目的地的路由都发送给自己。

```
[AR2-ospf-1]default-route-advertise always
[AR4-ospf-1]default-route-advertise always
```

② 在 AR2 和 AR4 上都配置一条默认路由指向 AR3 与之相连的接口，以便让它们将去往其他目的地的流量都发送给 AR3。

```
[AR2]ip route-static 0.0.0.0 0.0.0.0 23.1.1.3
[AR4]ip route-static 0.0.0.0 0.0.0.0 34.1.1.3
```

2. 在 AR2 和 AR4 上分别配置 IKE 策略（可选）

在开始配置 IKE 阶段 1 参数之前，可以先在 VPN 两端的设备上创建供 IKE 阶段 1 参数调用的 IKE 策略。

在下面的配置中，我们在系统视图下使用命令“**ike proposal** 编号”创建了一个 IKE 策略集，这条命令会让管理员进入 IKE 策略集的配置视图。接下来，我们通过命令“**encryption-algorithm** 加密算法”和“**authentication-algorithm** 认证算法”指定 IKE 策略中的加密算法和认证算法。

具体的配置如下。

```
[AR2]ike proposal 1
[AR2-ike-proposal-1]encryption-algorithm aes-cbc-128
[AR2-ike-proposal-1]authentication-algorithm md5
[AR2-ike-proposal-1]quit
```

VPN 另一端的 AR4 上也需要进行相应的配置。

```
[AR4]ike proposal 1
[AR4-ike-proposal-1]encryption-algorithm aes-cbc-128
[AR4-ike-proposal-1]authentication-algorithm md5
[AR4-ike-proposal-1]quit
```

当然，既然这个环节是可选配置的内容，这就说明上面的配置可以不配置。如果不配置，环节 3 中自然也就没有 proposal 可供调用了。此时，系统会自动调用一套默认的 IKE 策略，管理员可以通过命令 **display ike proposal** 来查看系统中的 IKE 策略。

```
[AR2]display ike proposal
```

```
Number of IKE Proposals: 2

-------------------------------------------
 IKE Proposal: 1
   Authentication method          : pre-shared
   Authentication algorithm       : MD5
   Encryption algorithm           : AES-CBC-128
   DH group                       : MODP-768
   SA duration                    : 86400
   PRF                            : PRF-HMAC-SHA
-------------------------------------------------------------------


-------------------------------------------------------------------
 IKE Proposal: Default
   Authentication method          : pre-shared
   Authentication algorithm       : SHA1
   Encryption algorithm           : DES-CBC
   DH group                       : MODP-768
   SA duration                    : 86400
   PRF                            : PRF-HMAC-SHA
-------------------------------------------
```

上面输出信息的阴影部分就是我们之前提到的默认 IKE 策略。

上面的配置即为可选的 IKE 策略设置。接下来，我们需要配置 IKE 对等体的参数。

3．定义 IKE 阶段 1 的参数

接下来的工作是配置 IKE 对等体。首先，我们需要通过命令“**ike peer** 名称 **v1**”设置 IKE 阶段 1 参数，然后在该视图中，

- 通过命令“**ike-proposal** IKE 策略编号”调用在环节 2 中配置的 IKE 策略。（可选，详见步骤 2）；
- 通过命令“**pre-shared-key** 密码类型密码”设置预共享密钥；
- 通过命令“**remote-address** 对等体地址”指向 VPN 对等体对端，用来建立 VPN 连接的 IP 地址；
- 通过命令“**local-address** 本地地址”设置这台路由器上用来与对端建立 VPN 连接的 IP 地址。

> **注释：**
>
> 在创建 IKE 阶段 1 参数的命令中，在多厂商设备互连时，有时需要用关键字 **v2** 来替代 v1。

在 AR2 上，我们进行的配置如下所示。

```
[AR2]ike peer test v1
[AR2-ike-peer-test]ike-proposal 1
[AR2-ike-peer-test]pre-shared-key simple yeslab
[AR2-ike-peer-test]remote-address 34.1.1.4
[AR2-ike-peer-test]local-address 23.1.1.2
[AR2-ike-peer-test]quit
```

注释：

在本例中，**local-address 23.1.1.2** 这条命令也可以不配，因为系统默认就会使用这个地址与对端建立 VPN。但如果管理员希望使用环回接口，就需要通过这条命令来进行指定了。AR4 配置中的 **local-address 34.1.1.4** 也是这个道理。

同理，在 AR4 上，我们也需要进行如下相应的配置。

```
[AR4]ike peer test v1
[AR4-ike-peer-test]ike-proposal 1
[AR4-ike-peer-test]pre-shared-key simple yeslab
[AR4-ike-peer-test]remote-address 23.1.1.2
[AR4-ike-peer-test]local-address 34.1.1.4
[AR4-ike-peer-test]quit
```

至此，我们已经完成了 IKE 阶段 1 参数的配置，管理员可以在这里使用命令 **display ike peer name test verbose** 来查看所有刚刚配置的参数，以及与 I 相关组件。

```
[AR4]display ike peer name test verbose
---------------------------------------------
  Peer name                    : test
  Exchange mode                : main on phase 1
  Pre-shared-key               : yeslab
  Proposal                     : 1
  Local ID type                : IP
  DPD                          : Disable
  DPD mode                     : Periodic
  DPD idle time                : 30
  DPD retransmit interval      : 15
  DPD retry limit              : 3
  Host name                    :
  Peer IP address              : 23.1.1.2
  VPN name                     :
  Local IP address             : 34.1.1.4
  Local name                   :
```

```
Remote name              :
NAT-traversal            : Disable
Configured IKE version   : Version one
PKI realm                : NULL
Inband OCSP              : Disable
------------------------------------------------------------
```

下一步的工作是在 VPN 两端的路由器上定义需要 VPN 加密的流量，这里术语叫作感兴趣流。

4. 定义感兴趣流

在路由器上定义要加密的流量，需要使用访问控制列表。已经有所遗忘的读者可以回到本章的实验一中重温有关 ACL 的技术与配置。

在本次实验中，我们尝试只让从 AR1 环回接口去往 AR5 环回接口的流量通过 VPN 进行加密。鉴于定义这组流量涉及源和目的 IP 地址，因此我们需要使用高级 ACL。

根据上面的需求，我们可以在 AR2 上创建如下的访问控制列表。

```
[AR2]acl number 3000
[AR2-acl-adv-3000]rule permit ip source 1.1.1.1 0 destination 5.1.1.1 0
```

同样，我们需要在 AR4 上也创建一个相应的高级 ACL。

```
[AR4]acl number 3000
[AR4-acl-adv-3000]rule permit ip source 5.1.1.1 0 destination 1.1.1.1 0
```

在定义好感兴趣流之后，还需要定义 IPSec 安全策略。

5. 定义 IPSec 安全策略

在配置 IPSec 安全策略时，首先需要通过命令“**ipsec proposal** 名称”创建一个 IPSec 安全策略，同时进入这个安全策略的配置视图下，并且，

- 通过命令“**encapsulation-mode** 模式”指定加密流量的方式，在这里需要使用隧道模式（Tunnel）；
- 通过命令“**transform** 协议”定义用来保护流量的安全协议，在这里使用了 ESP 协议；
- 通过命令“**esp encryption-algorithm** 加密协议”指定 ESP 的加密方式；
- 通过命令“**esp authentication-algorithm** 加密协议”指定 ESP 的认证方式。

在 AR2 上，我们进行的配置如下所示。

```
[AR2]ipsec proposal trans1
[AR2-ipsec-proposal-trans1]encapsulation-mode tunnel
[AR2-ipsec-proposal-trans1]transform esp
[AR2-ipsec-proposal-trans1]esp encryption-algorithm des
[AR2-ipsec-proposal-trans1]esp authentication-algorithm sha1
```

同样，我们需要在 AR3 上也执行相应的操作。

```
[AR4]ipsec proposal trans1
[AR4-ipsec-proposal-trans1]encapsulation-mode tunnel
[AR4-ipsec-proposal-trans1]transform esp
[AR4-ipsec-proposal-trans1]esp encryption-algorithm des
[AR4-ipsec-proposal-trans1]esp authentication-algorithm sha1
```

以上命令其实都可以不输入，只用起一个名字 trans1 就行了，因为输入的都是默认配置命令。

在配置好 IPSec 安全策略之后，管理员可以使用命令 **display ipsec proposal** 来查看所有刚刚配置的参数。

```
[AR4]display ipsec proposal
Number of proposals          : 1
IPSec proposal name          : trans1
Encapsulation mode           : Tunnel
Transform                    : esp-new
ESP protocol                 : Authentication SHA1-HMAC-96
Encryption                   DES
```

在定义好上述所有参数之后，下面我们需要把这些参数关联起来。

6. 关联上述策略

在这一步中，我们需要创建一个策略集，把前面配置的参数关联起来。

首先，管理员需要在系统视图中通过命令“**ipsec policy** 策略名编号 **isakmp**”来创建策略集，并且进入该策略集的配置视图中，

- 使用命令“**ike-peer** 阶段 1 参数名”调用我们在环节 3 中定义的 IKE 阶段 1 参数；
- 使用命令“**proposal** IPSec 安全策略名”调用我们在环节 5 中定义的 IPSec 安全策略；
- 使用命令“**security acl** ACL 编号”调用我们在环节 4 中为了定义感兴趣流而创建的高级 ACL。

因此，我们需要在 AR2 上执行如下的配置（为了方便辨识它的功能，我们将这个策略集命名为了 r2-r4）。

```
[AR2]ipsec policy r2-r4 10 isakmp
[AR2-ipsec-policy-isakmp-r2-r4-10]ike-peer test
[AR2-ipsec-policy-isakmp-r2-r4-10]proposal trans1
[AR2-ipsec-policy-isakmp-r2-r4-10]security acl 3000
```

此外，我们也需要在 AR4 上执行相应的配置。

```
[AR4]ipsec policy r4-r2 10 isakmp
[AR4-ipsec-policy-isakmp-r4-r2-10]ike-peer test
```

```
[AR4-ipsec-policy-isakmp-r4-r2-10]proposal trans1
[AR4-ipsec-policy-isakmp-r4-r2-10]security acl 3000
```

接下来是配置的最后一步，把上面这个策略集应用到执行加密的接口上。

7. 在接口上调用策略

调用的命令相当简单：在接口视图中通过命令“**ipsec policy** 策略集名称”即可应用在环节 6 中配置的策略集。因此，AR2 上需要执行的配置就是：

```
[AR2]interface GigabitEthernet 0/0/1
[AR2-GigabitEthernet0/0/1]ipsec policy r2-r4
```

同样，AR4 上也需要调用在步骤 6 中创建的策略集：

```
[AR4]interface GigabitEthernet 0/0/0
[AR4-GigabitEthernet0/0/0]ipsec policy r4-r2
```

至此为止，IPSec VPN 的配置总算大功告成。此时，管理员可以通过命令 **display ipsec sa** 和命令 **display ike sa** 来查看 IPSec SA 和 IKE SA 的相关参数。

```
[AR2]display ipsec sa

===============================
Interface: GigabitEthernet0/0/1
 Path MTU: 1500
===============================

  -----------------------------
IPSec policy name      : "r2-r4"
Sequence number        : 10
Acl Group              : 3000
  Acl rule             : 5
  Mode                 : ISAKMP
  -----------------------------
    Connection ID      : 3
Encapsulation mode     : Tunnel
Tunnel local           : 23.1.1.2
Tunnel remote          : 34.1.1.4
Flow source            : 1.1.1.1/255.255.255.255 0/0
Flow destination       : 5.1.1.1/255.255.255.255 0/0
    Qos pre-classify   : Disable

    [Outbound ESP SAs]
      SPI: 3372268802 (0xc900bd02)
```

```
Proposal: ESP-ENCRYPT-DES-64 ESP-AUTH-SHA1
    SA remaining key duration (bytes/sec): 1887329280/3522
    Max sent sequence-number: 5
    UDP encapsulation used for NAT traversal: N

  [Inbound ESP SAs]
    SPI: 916181371 (0x369bd17b)
Proposal: ESP-ENCRYPT-DES-64 ESP-AUTH-SHA1
    SA remaining key duration (bytes/sec): 1887436800/3522
    Max received sequence-number: 0
    Anti-replay window size: 32
    UDP encapsulation used for NAT traversal: N
```

```
[AR2]display ike sa
  Conn-ID  Peer            VPN   Flag(s)              Phase
 --------------------------------------------------------------
      3    34.1.1.4        0     RD|ST                2
      2    34.1.1.4        0     RD|ST                1

 Flag Description:
RD--READY  ST--STAYALIVE  RL--REPLACED  FD--FADING  TO--TIMEOUT
 HRT--HEARTBEAT  LKG--LAST KNOWN GOOD SEQ NO.  BCK--BACKED UP
```

如上所示，目前两个阶段的 SA 都已经建立了起来，下面我们通过 ping 来进行测试。

8. VPN 通信测试

首先，我们先来通过扩展 ping 测试感兴趣流的源和目的地址之间是否能够通信。

```
[AR1]ping -a 1.1.1.1 5.1.1.1
 PING 5.1.1.1: 56  data bytes, press CTRL_C to break
  Reply from 5.1.1.1: bytes=56 Sequence=1 ttl=254 time=30 ms
  Reply from 5.1.1.1: bytes=56 Sequence=2 ttl=254 time=40 ms
  Reply from 5.1.1.1: bytes=56 Sequence=3 ttl=254 time=40 ms
  Reply from 5.1.1.1: bytes=56 Sequence=4 ttl=254 time=20 ms
  Reply from 5.1.1.1: bytes=56 Sequence=5 ttl=254 time=30 ms
 --- 5.1.1.1 ping statistics ---
  5 packet(s) transmitted
  5 packet(s) received
  0.00% packet loss
  round-trip min/avg/max = 20/32/40 ms
```

显然，通信正常，接下来，我们放弃扩展 ping，直接用 AR1 去 ping AR5 的环回接口地址。

```
[AR1]ping 5.1.1.1
  PING 5.1.1.1: 56  data bytes, press CTRL_C to break
    Request time out
    Request time out
    Request time out
    Request time out
    Request time out

  --- 5.1.1.1 ping statistics ---
    5 packet(s) transmitted
    0 packet(s) received
    100.00% packet loss
```

如上所示，AR1 直接（用自己的 GE0/0/0 接口）去 ping AR5 的地址，是 ping 不通的。这是因为感兴趣流仅仅定义了 AR1 的 1.1.1.1 到 AR5 的 5.1.1.1，所以除了这两个地址以外，别的 IP 相互都无法通信，尽管所有地址之间的距离都比这两个 IP 之间的距离更近。

在接下来的 GRE 实验（实验三）中，我们会以本实验中的配置为基础，解决其他地址之间通信的问题。

注释：

在实验三中，我们会在本实验配置的基础上进行配置，亦请准备马上着手实验三配置的读者暂勿清除上面的配置。

7.3 实验三：GRE 的配置

7.3.1 背景介绍

GRE 的全称叫作通用路由封装，其目的是在原本因为封装协议的问题而无法通过路由协议相互学习路由的设备之间能够相互通告路由信息。

以实验二中的环境为例，当 AR1 的环回接口和 AR5 的环回接口通信时，AR1 会首先会根据默认路由将数据包发送给 AR2，因为该流量可以匹配 AR2 上定义的感兴趣流，所以 AR2 会对该流量进行加密，并在加密信息的外层以 AR4 GE0/0/0 接口为目的 IP 地址封装新的数据包，并发送给 AR3，该数据包的目的地址为 AR3 的直连地址，因此 AR3 可以将它发送给 AR4，AR4 对该数据包解封装并且解密之后，查看内部的目的 IP 地址，发现相应的 OSPF 条目，于是将其转发过去。AR5 环回接口与 AR1 环回接口的通信原理则与上面的过程完全相同，但流程刚好相反。

换句话说，在上面的通信过程中，尽管 AR2 与 AR4 之间有一条 IPSec 隧道，但是它们不会、也不能跨越 AR3 建立 OSPF 邻居，更无法相互学习路由信息。AR1、AR2 所在的 OSPF 网络和 AR4、AR5 所在的 OSPF 网络是相互隔绝的。如果一定希望 AR2 和 AR4 之间能够通过 OSPF 相互学习路由信息，就可以通过 GRE 来封装一条通用路由隧道，并通过该虚拟隧道建立 OSPF 邻居。

在本书的最后一个实验中，我们不仅会演示如何通过 GRE 让 AR2 和 AR4 之间学习路由，还会提出这种做法存在的问题，以及更优的解决方案。

7.3.2　实验目的

掌握 GRE 的原理与配置方法。

7.3.3　实验拓扑

本实验会完全沿用图 7-2 所示的拓扑和实验二中所执行的全部配置。

在实验的一开始，我们首先尝试通过 GRE 协议让 AR2 和 AR4 之间跨域 AR3 建立 OSPF 邻居关系。

7.3.4　实验环节

1. 配置 GRE 隧道接口

配置 GRE 的第一步是在隧道两端的设备上各自通过命令“**interface Tunnel** 隧道接口编号”创建一个虚拟的隧道接口，并且，

- 配置隧道接口的 IP 地址（隧道两端接口的 IP 地址显然应该位于同一个网络中）；
- 通过命令“**tunnel-protocol gre**”将该隧道的协议指定为 GRE 协议；
- 使用命令“**source** 源 IP 地址 / 源物理接口”指定隧道的实际源地址 / 接口；
- 使用命令“**source** 目的 IP 地址”指定隧道的实际目的地址。

比如，在 AR2 上，我们就可以以 AR2 的 GE0/0/1 接口作为隧道的源，将 AR4 的 GE0/0/0 作为隧道的目的，按照如下的配置来设置隧道。

```
[AR2]interface Tunnel 0/0/1
[AR2-Tunnel0/0/1]tunnel-protocol gre
```

```
[AR2-Tunnel0/0/1]ip address 24.1.1.2 255.255.255.0
[AR2-Tunnel0/0/1]source 23.1.1.2
[AR2-Tunnel0/0/1]destination 34.1.1.4
[AR2-Tunnel0/0/1]quit
```

而在 AR4 上，我们需要相应地以 AR4 的 GE0/0/0 作为隧道的源，以 AR2 的 GE0/0/1 作为隧道的目的来设置隧道。这一次，我们尝试以接口（而不是接口的地址）作为隧道的源。

```
[AR4]interface Tunnel 0/0/1
[AR4-Tunnel0/0/1]tunnel-protocol gre
[AR4-Tunnel0/0/1]ip add 24.1.1.4 255.255.255.0
[AR4-Tunnel0/0/1]source GigabitEthernet0/0/0
[AR4-Tunnel0/0/1]destination 23.1.1.2
[AR4-Tunnel0/0/1]quit
```

在完成隧道的配置之后，我们可以通过在隧道一端 ping 隧道另一端的方法来测试这条隧道的连通性。

```
[AR4]ping 24.1.1.2
  PING 24.1.1.2: 56   data bytes, press CTRL_C to break
    Reply from 24.1.1.2: bytes=56 Sequence=1 ttl=255 time=20 ms
    Reply from 24.1.1.2: bytes=56 Sequence=2 ttl=255 time=20 ms
    Reply from 24.1.1.2: bytes=56 Sequence=3 ttl=255 time=20 ms
    Reply from 24.1.1.2: bytes=56 Sequence=4 ttl=255 time=20 ms
    Reply from 24.1.1.2: bytes=56 Sequence=5 ttl=255 time=10 ms
  --- 24.1.1.2 ping statistics ---
    5 packet(s) transmitted
    5 packet(s) received
    0.00% packet loss
    round-trip min/avg/max = 10/18/20 ms
```

如上所示，AR2 和 AR4 已经跨越 AR3 建立了一条 GRE 隧道。在下一个环节上，我们需要借助这条隧道来建立 OSPF 邻居关系，并且交换路由条目。

2. 将隧道接口宣告到 OSPF 中

下面，我们通过 OSPF 协议在区域 0 中宣告隧道接口，首先来宣告 AR2 隧道接口。

```
[AR2]ospf 1
[AR2-ospf-1]area 0
[AR2-ospf-1-area-0.0.0.0]network 24.1.1.2 0.0.0.0
```

下面宣告 AR4 隧道接口。

```
[AR4]ospf 1
[AR4-ospf-1]area 0
```

```
[AR4-ospf-1-area-0.0.0.0]network 24.1.1.4 0.0.0.0
```

完成配置之后，我们可以立刻对配置的效果进行验证。

3. 验证通过 GRE 隧道建立 OSPF 邻居的配置

首先，我们可以通过命令 display ospf peer brief 来查看隧道一端的路由器是否与隧道另一端的路由器建立了邻居。

```
[AR4]display ospf peer brief
        OSPF Process 1 with Router ID 4.1.1.1
                Peer Statistic Information
 ----------------------------------------------------------------------------
 Area Id          Interface                      Neighbor id      State
 0.0.0.0          GigabitEthernet0/0/1           5.1.1.1          Full
 0.0.0.0          Tunnel0/0/1                    2.1.1.1          Full
 ----------------------------------------------------------------------------
```

如上所示，AR4 的邻居中已经包含了路由器 AR2，而且使用的接口也正是 Tunnel0/0/1。

接下来，我们再查看一下两端路由器上的路由条目。

```
[AR1]display ip routing-table protocol ospf
Route Flags: R - relay, D - download to fib
------------------------------------------------------------------------------
Public routing table : OSPF
        Destinations : 4        Routes : 4
OSPF routing table status : <Active>
        Destinations : 4        Routes : 4
Destination/Mask  Proto   Pre  Cost  Flags  NextHop      Interface
    0.0.0.0/0     O_ASE   150  1       D    12.1.1.2     GigabitEthernet0/0/0
    5.1.1.1/32    OSPF    10   1564    D    12.1.1.2     GigabitEthernet0/0/0
    24.1.1.0/24   OSPF    10   1563    D    12.1.1.2     GigabitEthernet0/0/0
    45.1.1.0/24   OSPF    10   1564    D    12.1.1.2     GigabitEthernet0/0/0

OSPF routing table status : <Inactive>
        Destinations : 0        Routes : 0
```

如输出信息的阴影部分所示，AR1 上已经通过 OSPF 学习到了隧道接口所在网络的路由、AR4 与 AR5 之间网络的路由，以及 AR5 环回接口网络的路由。

此时，即使不通过 ping 进行测试，我们也能想到，AR1 必然已经可以直接 ping 通 AR5 的环回接口了。

```
[AR1]ping 5.1.1.1
  PING 5.1.1.1: 56  data bytes, press CTRL_C to break
    Reply from 5.1.1.1: bytes=56 Sequence=1 ttl=253 time=50 ms
```

```
Reply from 5.1.1.1: bytes=56 Sequence=2 ttl=253 time=30 ms
Reply from 5.1.1.1: bytes=56 Sequence=3 ttl=253 time=30 ms
Reply from 5.1.1.1: bytes=56 Sequence=4 ttl=253 time=40 ms
Reply from 5.1.1.1: bytes=56 Sequence=5 ttl=253 time=30 ms
```

我们相信，上面这个实验已经把 GRE 的用途和配置方法解释清楚了，因为 GRE 的用途与配置原本就不复杂。

鉴于华为大纲将 GRE 这个知识点的顺序排在了 IPSec 之后，所以我们直接沿用 IPSec 实验的环境解释了 GRE 的用途。但这个实验在实用性上存在一个关键的问题有待解决，那就是通过 GRE 的数据是明文。也就是说，如果希望两边网络的设备之间既能够建立 OSPF 邻居关系并且相互学习路由信息，这些信息又能全部以加密的形式进行传输，就需要用实验二中的 IPSec 来加密 GRE 流量，也就是用 GRE 来取得连通性，用 IPSEC 来进行加密。

4．GRE over IPSec 的配置

首先，我们必须需要删除实验二中在接口上调用的 IPSec 策略，这条策略只会让 IPSec 站点加密从 AR1 环回接口到 AR5 环回接口及其返程的流量。而我们既然希望加密所有通过 GRE 进行封装的流量，当然就需要定义一套新的加密策略。

```
[AR2]interface GigabitEthernet 0/0/1
[AR2-GigabitEthernet0/0/1]undo ipsec policy

[AR4]interface GigabitEthernet 0/0/0
[AR4-GigabitEthernet0/0/0]undo ipsec policy
```

接下来，我们需要创建一个新的、定义感兴趣流的访问控制列表，让 IPSec 端点路由器加密所有的 GRE 流量。

```
[AR2]acl number 3001
[AR2-acl-adv-3001]rule permit gre source any destination any

[AR4]acl number 3001
[AR4-acl-adv-3001]rule permit gre source any destination any
```

接下来，我们需要进入 IPSec 策略中，在那里调用新的 ACL。

```
[AR2]ipsec policy r2-r4 10
[AR2-ipsec-policy-isakmp-r2-r4-10]security acl 3001

[AR4]ipsec policy r4-r2 10
[AR4-ipsec-policy-isakmp-r4-r2-10]security acl 3001
```

在正常程序下，我们此时应该在 IPSec VPN 两端的接口上调用新配置的 IPSec 策略。不过，为了让读者认识到通过 IPSec 保护数据流量的效果，我们先通过抓包来展示一下未加密的流量。

首先，我们在 AR1 上去 ping AR5 的环回接口地址。

```
<AR1>ping 5.1.1.1
  PING 5.1.1.1: 56  data bytes, press CTRL_C to break
    Reply from 5.1.1.1: bytes=56 Sequence=1 ttl=253 time=30 ms
    Reply from 5.1.1.1: bytes=56 Sequence=2 ttl=253 time=30 ms
    Reply from 5.1.1.1: bytes=56 Sequence=3 ttl=253 time=20 ms
    Reply from 5.1.1.1: bytes=56 Sequence=4 ttl=253 time=30 ms
    Reply from 5.1.1.1: bytes=56 Sequence=5 ttl=253 time=30 ms
```

接下来，当我们通过抓包软件（此处使用的是 Wireshark）来查看前面的 ICMP 消息时，就可以看到明文的消息内容，如图 7-3 所示。

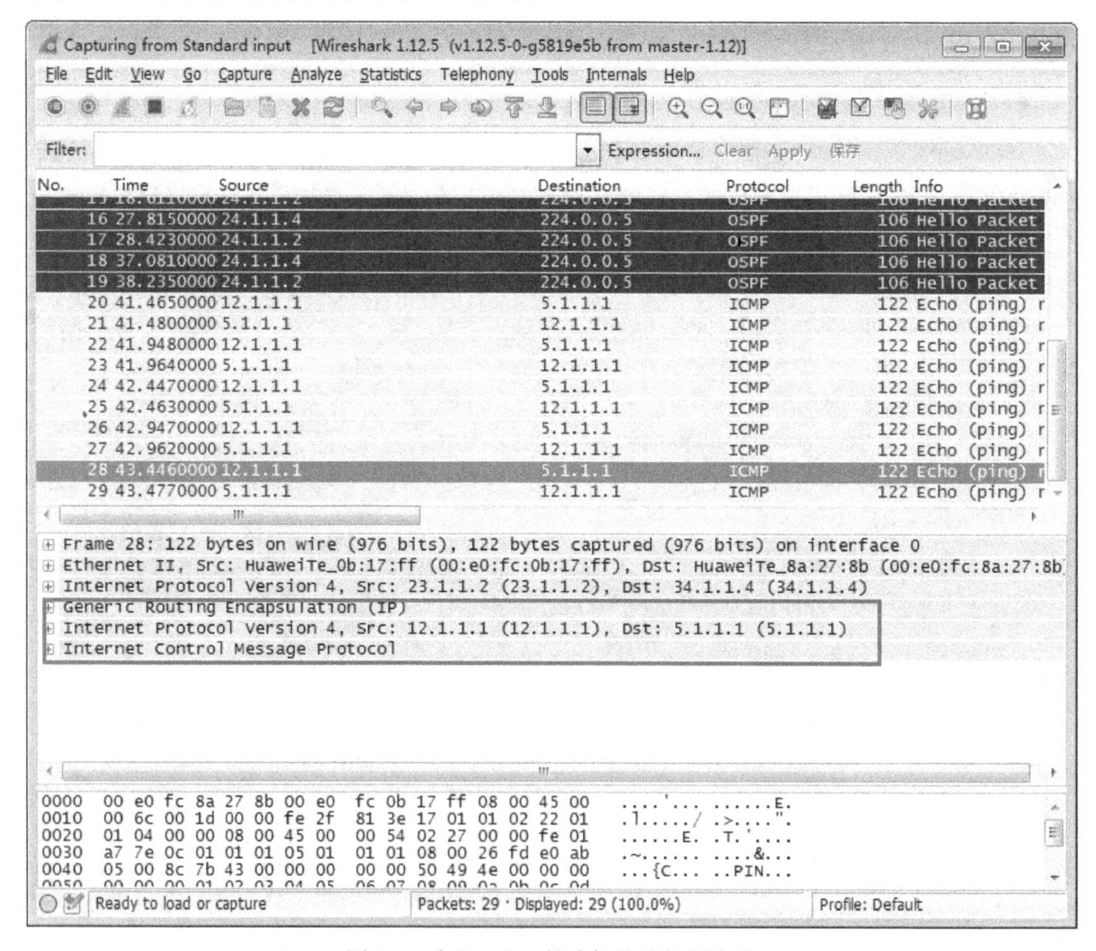

图 7-3　未经 IPSec 策略保护的数据流量

显然，上面的消息是以明文的形式传输的。下面我们在 IPSec 两端的接口上调用定义好的 IPSec 策略。

```
[AR2]interface GigabitEthernet 0/0/1
[AR2-GigabitEthernet0/0/1]ipsec policy r2-r4

[AR4]interface GigabitEthernet 0/0/0
[AR4-GigabitEthernet0/0/0]ipsec policy r4-r2
```

再次通过在 AR1 上 ping AR5 的环回接口来生成可供分析的数据包。

```
<AR1>ping 5.1.1.1
  PING 5.1.1.1: 56  data bytes, press CTRL_C to break
    Reply from 5.1.1.1: bytes=56 Sequence=1 ttl=253 time=30 ms
    Reply from 5.1.1.1: bytes=56 Sequence=2 ttl=253 time=40 ms
    Reply from 5.1.1.1: bytes=56 Sequence=3 ttl=253 time=30 ms
    Reply from 5.1.1.1: bytes=56 Sequence=4 ttl=253 time=20 ms
    Reply from 5.1.1.1: bytes=56 Sequence=5 ttl=253 time=30 ms
```

然后再通过 Wireshark 查看通信数据的内容，该数据消息如图 7-4 所示。

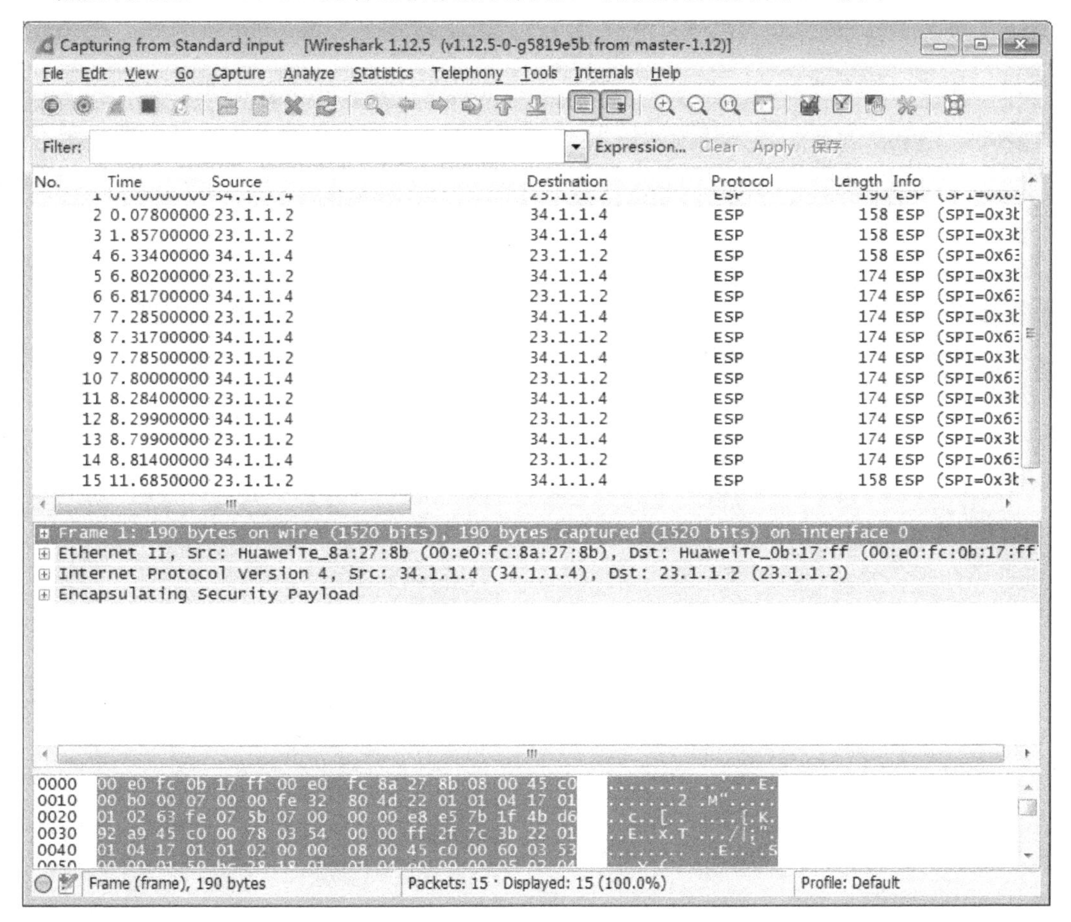

图 7-4　经 IPSec 加密后的 ping 消息

再看报文时，我们可以看到这些消息全部都被加密了，其中也包括 AR2 与 AR4 之间的 OSPF 所产生的 Hello 数据包。

到此为止，本书的实验已经全部完成了。在这本实验指南中，我们严格参照华为官方的大纲，按照由浅入深、由易到难的逻辑顺序演示了大量的初级网络技术实验，希望读者能够配合理论类的图书或者课堂学习到的理论知识，反复演练本书中的实验。在做到对本实验指南中的内容耳熟能详之后，就可大体顺利地参加 HCNP 数通课程的学习，并且具备阅读相应级别的技术读物，以及参与 HCNP 级别网络技术实验的基础。

7.4 总结

这一章的三个实验演示了网络设备上最常用安全类技术。本章的实验一介绍了可以按照不同标准来定义和过滤流量的访问控制列表技术，包括不同编号（类型）ACL 的用法与配置。实验二介绍了如何通过配置两端路由器来实现 IPSec VPN，对两个站点之间传输的流量进行加密，这一部分的实验逻辑稍嫌复杂，读者务必具备 IPSec 的理论基础才能正确理解配置的流程。本章实验三介绍的技术——GRE 原本与安全并不相干，其目的只是为了给数据添加一层可供路由的封装，但我们在 GRE 实验的最后一个环节，将这个协议与 IPSec 进行了结合，建立了一个兼具安全性与可路由特征相结合的解决方案。